覆盖型岩溶土洞致塌机理、监测预警及治理技术

简文彬　樊秀峰　洪儒宝　　著
孔秋平　吴振祥

人民交通出版社股份有限公司

北京

内 容 提 要

本书通过对福建闽西南岩溶发育区域地质条件的调查和分析,总结提出了覆盖型岩溶土洞塌陷的多种地质概化模型,并在设计了多种诱发条件的基础上,对岩溶塌陷的机理及演化规律进行了试验和数值模拟等综合性研究;同时,利用多项监测技术开展水(气)压变化、土体位移变形、土洞发展演化等室内及现场监测预警工作,并提出多个临界预警判据;最后,结合多个工程案例,对岩溶塌陷治理技术进行针对性研究,主要集中于新型治理措施及综合治理方案的可行性及效果分析,具有一定实际应用价值。

本书可供从事地质灾害及其防治研究的工程技术人员以及高等院校相关专业的师生参考和阅读。

图书在版编目(CIP)数据

覆盖型岩溶土洞致塌机理、监测预警及治理技术 /
简文彬等著. — 北京:人民交通出版社股份有限公司,
2021.5
ISBN 978-7-114-16842-0

Ⅰ.①覆… Ⅱ.①简… Ⅲ.①溶洞—垮塌—研究
Ⅳ.①P931.5

中国版本图书馆 CIP 数据核字(2020)第 172531 号

Fugaixing Yanrong Tudong Zhita Jili、Jiance Yujing ji Zhili Jishu

书　　　名	覆盖型岩溶土洞致塌机理、监测预警及治理技术
著　作　者	简文彬　樊秀峰　洪儒宝　孔秋平　吴振祥
责任编辑	刘　倩
责任校对	孙国靖　龙　雪
责任印制	张　凯
出版发行	人民交通出版社股份有限公司
地　　　址	(100011)北京市朝阳区安定门外外馆斜街 3 号
网　　　址	http://www.ccpcl.com.cn
销售电话	(010)59757973
总　经　销	人民交通出版社股份有限公司发行部
经　　　销	各地新华书店
印　　　刷	北京虎彩文化传播有限公司
开　　　本	720×960　1/16
印　　　张	14.5
字　　　数	268 千
版　　　次	2021 年 5 月　第 1 版
印　　　次	2021 年 5 月　第 1 次印刷
书　　　号	ISBN 978-7-114-16842-0
定　　　价	80.00 元

(有印刷、装订质量问题的图书由本公司负责调换)

前　　言

近些年来,国内岩溶发育地带地面塌陷频繁发生,已经成为我国六大地质灾害之一,严重危害广大人民群众的生命财产安全。由于岩溶发育区地质环境条件的差异性,如地质、地形地貌、气候、水文、植被等条件的不同,以及综合这些条件而产生的直接影响岩溶溶蚀或沉积作用方式和强度的岩溶地球化学背景条件的差别,共同导致了各地岩溶发育水平和岩溶形态组合特征的差异性。

福建省岩溶发育区地质构造强烈,可溶岩多呈块状,岩溶作用以侵蚀—溶蚀为主,地下溶洞显著发育,加上福建省台风暴雨频发、工程建设众多,因此,岩溶塌陷分布广泛、结构复杂,岩溶地质灾害事故频发。

岩溶塌陷是福建省仅次于山体滑坡的严重地质灾害类型之一,主要分布于闽西南的永定、清流、永安、连城、武平、新罗、长汀等局部灰岩区域,闽西南地区已被列为重点防治区。近10年来,福建省闽西南地区岩溶塌陷发生了百余次,造成的直接和间接经济损失数亿元,占全省地质灾害经济损失的20%以上。2010年12月23日,龙厦铁路象山隧道在施工过程中发生岩溶突水事故,造成周边区域经济损失严重;2015年2月24日,龙岩市永定区樟坑自然带发生岩溶塌陷,数栋房屋倒塌受损,给村民的生产、生活造成巨大的影响。岩溶地面塌陷灾害已对区内工农业生产、交通安全、人居环境产生严重影响,造成人员伤亡、建筑物倒塌、农田毁坏、道路断陷、工厂停产、村庄搬迁、河流改道或断流、库区水位骤然下降等多种危害,已经成为影响福建省基础设施建设和经济社会稳定的制约因素。

因而,本书主要围绕福建省闽西南地区岩溶塌陷问题展开研究,且以覆盖型岩溶塌陷为重点研究对象,通过大量资料分析、室内与现场试验对闽西南地区岩溶塌陷的基本特征、发育特点、形成机理及演化规律等进行深层次摸索与探究;并在查明主要岩溶区域地质环境条件的基础上,选择代表性示范区建立长期自动化监测网络,利用多元化的监测手段,实时对岩溶塌陷的形成与发生进行预报预警;同时,结合相关工程案例,提出并探讨多种岩溶塌陷防治与应急措施,从而形成一套完整的、理论与实践相结合的技术应用体系,具有较强的普适性与适用性。

本书编著得到了福建省科技重大专项"岩溶塌陷地质灾害监测治理技术及其装备的研发与应用示范"的资助;福州大学岩土工程专业研究生苏添金、张少波等参与了文字编辑、图件清绘、校对等工作,在此表示衷心的感谢。

本书撰写过程中,参考了大量国内外已有的规范、专著、期刊、研究报告等成果资料,在此向被引用的书刊和资料的作者表示衷心的感谢。由于作者水平有限,书中难免有疏漏和错误之处,敬请读者批评指正。

作　者

2021 年 3 月

目　录

第 1 章　绪论 ··· 1
第 2 章　闽西南地区岩溶土洞塌陷的地质条件及概化模型 ········· 4
　2.1　研究区地质条件 ··· 4
　2.2　研究区岩溶塌陷发育的地质环境条件和特征 ··············· 11
　2.3　岩溶土洞塌陷的地质概化模型 ·································· 20
第 3 章　岩溶土洞塌陷机理及塌陷演化过程 ······························ 27
　3.1　研究区岩溶地面塌陷试验与分析 ······························· 27
　3.2　岩溶塌陷物理模型试验 ·· 42
　3.3　基于土拱理论的岩溶土洞塌陷模型试验 ····················· 49
　3.4　基于土拱效应的岩溶土洞塌陷过程分析 ····················· 61
　3.5　基于土拱效应的岩溶土洞塌陷演化数值模拟 ·············· 71
　3.6　岩溶土洞塌陷演化过程数值模拟 ······························· 85
第 4 章　岩溶土洞塌陷判据及监测预警 ···································· 93
　4.1　岩溶塌陷致塌模式及其临界判据 ······························· 93
　4.2　基于布拉格光纤光栅传感技术(FBG)的岩溶塌陷监测模型 ········ 105
　4.3　岩溶塌陷野外监测 ·· 119
第 5 章　岩溶土洞泡沫混凝土充填治理技术 ···························· 128
　5.1　岩溶土洞泡沫混凝土充填效果试验研究 ····················· 128
　5.2　岩溶土洞泡沫混凝土充填效果分析 ··························· 142
　5.3　岩溶土洞泡沫混凝土充填技术应用 ··························· 149
第 6 章　岩溶土洞多元复合地基处理技术 ······························· 158
　6.1　泡沫轻质土多元复合地基室内模型试验 ····················· 158
　6.2　泡沫轻质土多元复合地基数值模拟分析 ····················· 178
　6.3　复合地基处理技术应用 ·· 194

第 7 章　岩溶土洞塌陷的综合治理技术 ·············· 204
　　7.1　岩溶塌陷综合治理技术 ·························· 204
　　7.2　岩溶塌陷综合治理技术应用 ······················ 209
参考文献 ·· 225

第1章 绪 论

覆盖型岩溶塌陷是指隐伏于岩溶孔洞上的岩、土体覆盖层及赋存其中的水、气组成的综合体系,在自然或人为动力因素作用下,产生各种破坏其稳定状态的力学效应,导致岩、土体覆盖层向下陷落的作用和现象。

岩溶塌陷的发生具有突发性和隐蔽性,危害大且在岩溶区广泛分布,已经成为国际社会共同关注的问题之一。我国可溶性岩体分布面积达到365万 km^2,超过国土陆地面积的1/3以上,已成为世界上岩溶最发育的国家之一。同时,岩溶塌陷分布范围也相当广泛,可见于我国的22个省区,以南方的桂、黔、湘、赣、川、滇、鄂等省区最为发育;北方的冀、鲁、辽等省份也发生过严重岩溶塌陷灾害。据不完全的统计数据显示,我国的岩溶塌陷总数超过3000次,塌陷点达到30000个以上,塌陷面积超过330km^2,给国民经济建设带来了严重的影响。

随着社会经济的发展,国家现代化、城市化、工程化的推进,岩溶塌陷问题已经成为国家基础设施建设和社会公共安全的制约因素,对于岩溶塌陷的研究和治理已经势在必行。对此,许多专家、学者以及研究机构进行了大量研究。从成果来看,我们不仅要对岩溶塌陷的成因机理有一个清楚的认识,对于岩溶塌陷的演变过程和演化规律也要时刻掌握。除此之外,治理技术的研发和创新也要与时俱进,推陈出新。只有这样,才能够切实有效地减少和避免岩溶塌陷所带来的的危害。

关于岩溶塌陷的研究,国内外学者从20世纪初开始就已经开展了大量的研究,国外相对国内起步要早。1898年,俄国学者巴甫洛夫就首次提出了用潜蚀理论来解释岩溶塌陷的成因,认为岩溶地面塌陷的形成主要是地下水在土层渗流时,土体颗粒在溶解或冲刷作用下被渗流带走。此后,潜蚀致塌效应导致岩溶塌陷的观点被国内外的专家学者广为接受。直至三四十年前,我国先后开展了多个岩溶塌陷研究项目,对岩溶塌陷进行了专门的探讨,才基本摸清了我国岩溶塌陷发育的现状和宏观分布规律,并指出了岩溶塌陷发育的多机制特性。

随着研究的不断深入、试验条件的逐渐完善,越来越多的致塌模式和理论被学者提出和认可,诸如"真空吸蚀论""液化论""气爆论""振动论""重力致塌模式""荷载致塌模式""压强差效应"等。在现实工况中,除了个别特例,岩溶塌陷只在一种致塌力作用下产生。在大多数情况下,岩溶土洞形成、发展直至塌陷的整个过程中,潜蚀、真空吸蚀等多种效应共同发挥作用,只是在不同阶段所起的作用有主次之分。因此,可以说岩溶塌陷的形成发展是多因素共同控制的结果,单一成因理论如潜蚀论、真空吸蚀论等只能解释在某些特定的条件下产生的岩溶塌陷。

在岩溶塌陷监测技术研究方面,目前国内外主要的监测手段大体上可以分为两种,即直接监测和间接监测。直接监测是指直接通过监测地下土体或地面的变形来判断地面塌陷的方法,该方法的应用方式多种多样,除了一些常规手段诸如利用水准仪、裂缝计、位移计等监测地表沉降、地面和房屋开裂等以外,还可以通过地质雷达、孔径雷达和光导纤维等非常规方式监测地下土体变形。在这方面,国外研究相对较早,技术也相对成熟,国内于21世纪初才开始有了规模的监测研究实践。与直接监测方法不同的是,间接监测方法应用形式相对较为单一,主要是对岩溶管道系统中水(气)压力的动态变化进行监测。通过大量的工程实践发现,频繁的水(气)压变化是岩溶塌陷发生的主要因素,当水(气)压力变化或作用于土层的水力坡度达到覆盖层土体的临界值时,土层就会发生破坏,进而产生地面塌陷。因此,通过监测地下水(气)压力的变化可以对岩溶塌陷进行监测预报。目前国内对于该方法的应用也得到了推广。

在岩溶塌陷地质灾害治理方面,目前常采用板梁跨越塌陷洞和土洞、回填塌坑,或采用强夯法破坏溶洞、夯实松散塌陷物、回填灌浆等措施进行治理。若岩溶埋置较深无法回填时,采用桩基础穿越溶洞(深基础法),同时做好地面排水,防止管道渗漏及地表水汇集下渗。在岩溶地区,土洞、溶洞的处理是关键,其处理的目的是使岩溶土洞的空洞能充填密实,充填物能够固结并且具有一定的强度,同时切断岩溶土洞与地下水的联系,使其尽量不再发育扩张。但地下水动力条件通常十分复杂,地下水的流动会对充填材料的浓度、扩散率、固结度等造成较大的影响,常常达不到理想的注浆效果。因而,除了对充填材料和注浆技术进行改进和创新外,还更应该注重因地制宜、对症下药,对不同的工程、不同的场地条件采取不同的治理方法。

本书主要对我国闽西南地区覆盖型岩溶土洞塌陷灾害展开较为全面的研究,按照由面到点、以点及面的思维方式进行归纳和总结,在初步认识闽西南地区整体地质环境条件与岩溶发育模式的基础上,选取个别代表性岩溶塌陷示范点进行集中式研究,再将研究成果反馈于工程实践。从岩溶塌陷诱发机理出发,针对主要致塌因素开展大量试验研究,完整再现岩溶土洞塌陷演变过程,并通过实时监测确定土体应力应变及水(气)压动态变化规律,结合当前主要防治及应急措施进行有效治理,从而将理论与实际相结合,形成一个完整的岩溶塌陷研究体系。

第2章　闽西南地区岩溶土洞塌陷的地质条件及概化模型

近10年来,福建省闽西南地区岩溶塌陷发生百余次,造成的直接和间接经济损失近30亿元,占全省地质灾害经济损失的20%以上。其区内清流、永安、连城、武平、新罗、长汀等县市(主要为龙岩市)岩溶塌陷灾害占全省80%以上,已被列为岩溶塌陷的重点防治区。因此,选择闽西南地区作为岩溶塌陷典型区(以下称为研究区),开展相关研究。

2.1　研究区地质条件

2.1.1　气候条件

闽西南地区属亚热带海洋性季风气候区,温暖湿润,雨量充沛,多年平均气温21℃,最高气温为39℃,最低气温为-5℃。根据1993—2007年的降雨量统计资料可知,该区年降雨量为1100~2420mm,月均降雨量为37~330mm,多年平均降雨量为1800mm,单日最大降雨量为322mm。将每年3月至8月归为雨季,9月至次年2月归为旱季,根据统计结果,该区雨季平均降雨量为1348mm,旱季平均降雨量为421mm,降雨量总体呈现春夏多、秋冬少,各地降雨量分布不均的特点。

2.1.2　水文条件

研究区地表水系发育,主要属于九龙江水系和汀江水系,有雁石溪、万安溪、柳溪、黄潭河等多条河流。区内河流多属于山区暴涨暴落河流,水量大,水力坡降大,水流流速快,流量随季节的变化而变化,整体呈现雨季多、旱季少的趋势,具有山地河流的特征。

雁石溪起源于新罗区小池镇及永定县高陂镇,自西南向东北贯穿新罗区,至苏坂乡合溪口与万安溪汇合后流出区外,流域面积1448km^2,区内河道长度66km。

万安溪起源于上杭县、连城县境内,在区内自西北向东南横穿于新罗区北部,流域面积1480km²。区内河道长度58km,比降25.60‰,于苏坂乡合溪口与雁石溪汇合后流入漳平市。

柳溪起源于适中镇兰田村,由北向南贯穿适中镇后流入南靖县的船场溪,区内流域面积139km²,区内河道长度25km,比降12.50‰。

黄潭河起源于上杭县步云乡、蛟洋乡,流入本区大池镇后又流入上杭县溪口乡。区内流域面积117km²,区内河道长度10.7km。多年平均径流量超过3.38亿 m³/年。

2.1.3 地层岩性

根据野外调查与区域地质调查资料可知,研究区地层出露面积约1789km²,以泥盆系、石炭系、二叠系、三叠系沉积岩为主,伴有志留-奥陶系变质岩及白垩系红层地层(表2-1)。东南部出露少量侏罗系火山岩,受华夏系及新华夏系构造控制,出露多呈北东向条带状展布。

研究区地层单位划分简表(引自福建省地质调查研究院)　　表2-1

界	系	统	组	代号	主要岩性	分布范围	面积(km²)
新生界	第四系	全新统	冲洪积层	Q_h^{apl}	上部砂质黏土或粉质黏土,下部砂砾卵石或泥质砾卵石	龙岩、适中、雁石、大池、小池等山间盆地及坡麓、坡脚	142.58
			坡积层	Q_h^{dl}			
		更新统	残积层	Q_p^{el}	棕红色、黄褐色含角砾、硅质角砾或碎石黏性土、亚黏土	龙岩盆地及其他盆地边缘的山前地带	5.91
中生界	白垩系	上统	赤石群	K_2c	紫红色厚层泥质粉砂岩、细砂岩、复成砾岩	白沙、雁石、苏坂	88.02
		下统	石帽山群	K_1s	紫红、紫灰色流纹岩,角砾流纹岩	白沙	11.9
			下渡组	K_1xd	紫红色流纹质凝灰熔岩	白沙、岩山	27.56
	侏罗系	上统	南园组	J_3n	凝灰岩、熔岩,偶夹砂页岩	适中、白沙	130.23
			长林组	J_3c	凝灰质砂岩、凝灰岩	白沙	28.37
		中统	漳平组	J_2z	粉砂岩、细砂岩、泥页岩	白沙	5.59
		下统	象牙群	J_1x	细砂岩、石英砂岩夹粉砂岩、泥岩	适中、白沙	136.32

续上表

界	系	统	组	代号	主要岩性	分布范围	面积（km²）
中生界	三叠系	上统	文宾山组	T_3w	粉砂岩、石英砂岩、砂砾岩	适中、雁石、白沙	56.97
		下统	溪口组	T_1x	粉砂岩、泥岩夹泥质砂岩、角岩、灰岩透镜体	适中、雁石、白沙	136.68
古生界	二叠系	上统	罗坑组	P_3l	粉砂岩、泥岩、细砂岩	龙岩、适中、雁石	19.33
			翠屏山组	P_3cp	细砂岩、粉砂岩、泥岩夹煤层	龙岩、适中、红坊	109.65
		中统	童子组	P_2t	砂岩、细砂岩、粉砂岩、泥岩	龙岩、适中、红坊、白沙、雁石、岩山	201.23
			文笔山组	P_2w	粉砂岩、泥岩	龙岩、适中、红坊、白沙、雁石、岩山	84.89
			泉上组	P_2q^s	浅灰、深灰色薄层硅质岩夹泥岩、灰岩	小池、江山、岩山、雁石、红坊	6.08
			栖霞组	P_2q	含燧石条带结核灰岩	龙岩、雁石、小池、岩山	33.11
		下统	船山组	P_1c	生物碎屑灰岩	雁石	8.99
	石炭系	上统	经畲族	C_2j	白云岩、白云质灰岩	雁石	13.48
		下统	林地组	C_1l	石英砂砾岩、砂岩	龙岩、江山、大池、小池	119.34
	泥盆系	上统	桃子坑组	D_3tz	石英砾岩、砂砾岩、粉砂岩	龙岩、江山、大池、小池	183.55
			天瓦崠组	D_3t	粉砂岩、石英砂砾岩、石英砾岩	龙岩、白沙	124.76
	奥陶-寒武系			$\epsilon-O$	灰色中厚层状变质石英细砂岩、变质细砂岩夹千枚状硅泥岩及板岩	适中、白沙	80.22

2.1.4 地质构造

1）构造单元

研究区位于政和-大埔深大断裂的西北侧，在各个时期的构造应力场作用下，构造运动剧烈，构造现象复杂，形成了褶皱、断裂等地质构造，研究区岩层支离破碎。分为东西向构造体系、南北向构造体系、北东-南西向构造体系、逆冲推覆构造。

(1)东西向构造体系

由东西向展布的地层及一系列压性、压扭性构造形迹组成。受其他构造体系的干扰、破坏,构造形迹时隐时现,主要有两个褶断带,即铁山-云潭褶断带及红坊-东肖断裂带。

(2)南北向构造体系

分布于龙岩、红坊、东肖一带,以紧密的复式褶皱及一系列南北向逆冲断裂为主体,带内山脉、地层多呈南北向展布。

(3)北东-南西向构造体系

分布在龙岩盆地中部,即漳平-龙岩复式向斜,从区外的漳平城西南延伸至龙岩城东,由一系列大致平行的褶皱群组成,并有北东向压性、压扭性断裂相伴生,在地貌上形成北东-南西向的低凹长廊;受后期构造的叠加改造,使其原貌受到不同程度的破坏。

(4)逆冲推覆构造

研究区内断续发育有逆冲推覆构造,因后期构造破坏较强,支离破碎,主要活动于燕山中期,主要表现为古生代沉积岩地层逆冲推覆于中生代灰岩地层之上,影响区内岩溶的形成和发育。

2)新构造运动

区内新构造运动,总体上呈现掀斜隆升,部分断裂构造复活的特点,制约地形地貌的发展。主要表现为盆地沿河流形成分级阶地、古夷平面,在地质剖面上表现为溶洞分层分布等特点。

(1)沿河流阶地发育

以龙岩盆地为例,盆地内沿雁石溪及其支流发育三级河流阶地,分列如下:

第一级阶地高程300~320m,为堆积阶地,由砂、砾、卵石组成。

第二级阶地高程320~330m,为堆积阶地,由砂、砾、卵石含大量砂质黏土组成。

第三级阶地高程340~380m,为基座阶地,由黏土夹砾、卵石组成。

三级阶地的发育,无疑是地壳间歇性升降运动的产物。其中,第三阶地分布最广,但由于后期的侵蚀切割,阶地面支离破碎,有的成为孤丘,在孤丘顶部残留有厚度不等的堆积物,如青草盂、特钢厂一带,但从整体来看,其阶地面仍然连成一线。第二级阶地可能由于后期地壳下降,致使阶地发育不完整,阶地面狭窄或缺失,造成阶地不对称。第一级阶地发育较完整,为现代龙岩河谷平原之主体,但是,该阶地在河流两岸高程上略有差异,这种差异现象除与季节性水流有关外,也可能与近代地壳间歇性升降有关。图 2-1 和图 2-2 是两处第四系地质剖面图。

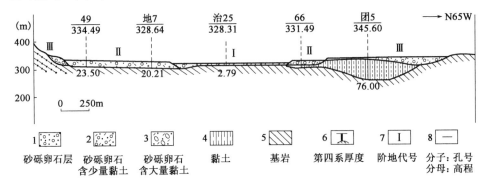

图 2-1　陈厝-尤家山第四系地质剖面图（引自福建省地质调查研究院）

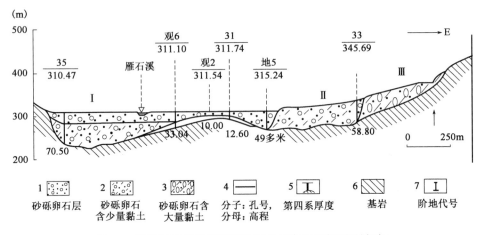

图 2-2　铁石洋第四系地质剖面图（引自福建省地质调查研究院）

（2）形成古夷平面

龙岩盆地内除三级河流阶地外，在基岩中尚见到以虎坑山、红炭山、洲龙档顶、鸡母山为代表的古夷平面，其高程 500～550m，由二叠系煤系地层组成，受古老构造控制呈扰岗状，山顶遭受剥蚀，圆滑呈馒头状。

（3）溶洞及充填物分布于不同高程

地壳的缓慢上升，也反映在不同高度溶洞的分布上，这表明与河流阶地一样，地壳在不断上升的过程中有四次较为稳定的停顿期。以麒麟岩为例（图 2-3），地表和地下钻孔资料证明，灰岩中发育有四层溶洞，其高程如下：第一层 300m，相当于现代当地侵蚀基准面的高程；第二层 335m，相当于二级阶地的高程；第三层 385m，相当于三级阶地的高程；第四层 440m。第一层溶洞充填砂、砾石。第二至第四层见少量的黏土、砾石充填。

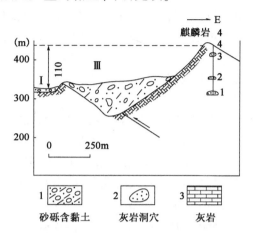

图 2-3 麒麟岩溶洞发育特征(引自福建省地质调查研究院)

上述情况说明,龙岩盆地仍处于间歇性的缓慢上升阶段。随着地壳的不断上升,致使第四层溶洞高出现代当地侵蚀基准面 110~140m。而晚近时期的构造活动以间歇性的缓慢上升为总的趋势,这是研究区内构造活动的基本特征。

2.1.5 水文地质

根据《福建省龙岩市新罗区区域水文地质调查报告》,依据地下水的赋存条件及水动力条件,可以将地下水分为以下四类。

1)松散岩类孔隙水

(1)富水性及动态

含水岩组为全新统冲洪积、全新统洪坡积物等,分布于龙岩、适中等山间盆地河谷两侧的冲洪积层中。根据钻孔揭露的情况可知,上覆土层厚度一般小于20m,局部地带覆盖层厚度较厚,可达 110m。含水岩组的富水性因含水层的岩性特征及所处的地势地貌的差异而不同。其中,一级阶地富水性最好,一般单井涌水量为 100m^3/d 左右;二级阶地富水性中等,一般单井涌水量为 10~100m^3/d;三级阶地富水性最差,一般单井涌水量为 10m^3/d 左右。而山前斜坡地带,其富水性更差,旱季无水,雨季弱含水。

(2)补给、径流、排泄条件及与岩溶水的联系

同一山间盆地第四系孔隙水的水力联系比较密切,其补给、径流、排泄区基本相同。补给来源主要是大气降雨以及在山前位置接受基岩裂隙水补给;部分碳酸盐岩分布地带,由于岩溶水水头高,局部地区可获得碳酸盐岩类裂隙溶洞水

补给；雨季时期，在溪流沿岸还可以得到河水补给。

在旱季，由于降雨量较少，地表水处于枯水季、平水季，地下水的水头值一般高于地表水位，此时地下水径流主要以水平潜流的形式为主，从山前地带向河谷排泄。

2) 碎屑岩类（红层）孔隙裂隙水

(1) 富水性及动态

分布于白沙一带，含水岩组主要为赤石群，岩性为砂岩等沉积岩。地下水主要赋存于岩层裂隙中，常具有承压性质，富水性根据结构发育程度及所处的地貌位置不同而有所差异。区内黄田至苏坂一带，由于处在北北东（NNE）及北东（NE）向构造带，岩石破碎，裂隙及溶孔、溶隙发育，富水性较好，枯季地下水径流模数为 $5.15L/(s·km^2)$，钻孔涌水量常大于 $200m^3/d$，个别达 $550m^3/d$。白沙、苏坂一带，富水性较差，枯季径流模数为 $1.56L/(s·km^2)$，但在断裂破碎带，地下水可相对富集。

(2) 补给、径流、排泄条件及与岩溶水联系

碎屑岩类孔隙裂隙水主要接受大气降水补给，径流途径长，既有水平运动，也有垂直运动。碎屑岩类裂隙水多处于承压状态，多以上升泉或者下降泉的方式沿着孔隙、裂隙通道排泄于地表或岩溶水系统。

3) 基岩裂隙水

(1) 富水性及动态

根据含水层的岩性特征，可以将基岩裂隙水划分为以下三个亚类。

① 沉积岩类裂隙水。

广泛分布于龙岩市区的东、南、中部。含水岩组包括天瓦崠组、桃子坑组、林地组、文笔山组、童子岩组、翠屏山组、罗坑组、文宾山组、象牙群、漳平组、长林组等碎屑沉积岩。岩性主要为泥岩、页岩、粉砂岩、砂岩、砂砾岩、砾岩等。粗碎屑刚性岩层裂隙发育、张开性较好，充填物少，富水性相对较好。泥岩、页岩、粉砂岩等碎屑柔性岩层，裂隙多为闭合型且易变泥质充填，富水性极弱或相对隔水。

地下水主要赋存形式为承压水，零星分布。其富水性各地不一，红坊西部和龙门的西南部，含水岩组林地组为砂岩、砂砾岩，富水性最好，枯季径流模数大，为 $7.06L/(s·km^2)$。岩山、东肖、大池、雁石的部分地区及白沙北段，含水岩组为奥陶-寒武系的变质砂岩、桃子坑组和林地组的砂岩、砂砾岩分布区，富水性次之，枯季径流模数为 $3.4 \sim 4.2L/(s·km^2)$，泉流量常见值为 $0.1 \sim 1L/s$。余者富水性较弱，枯季径流模数为 $1.2 \sim 2.38L/(s·km^2)$，泉流量常见值在 $0.05 \sim 0.5L/s$ 之间。

②变质岩类裂隙水。

分布于龙岩市区东部、南部、东南部一带。含水岩组包括奥陶-寒武系浅变质岩,呈长条带状展布,多以下降泉的形式排泄于地表或岩溶水系,并且变质岩类裂隙水富水性不均,径流模数为 $1.32 \sim 5.1 L/(s \cdot km^2)$,泉流量为 $0.014 \sim 0.784 L/s$。

③岩浆岩类裂隙水。

分布于江山、白沙、雁石、大池、适中等地。含水岩组为各期次的侵入岩及南园组、下渡组、石帽山群等火山岩。研究区岩浆岩岩体属于刚脆体,在构造运动过程中,容易在岩体内部产生断裂破裂面。由于各个时期构造运动的差异性及岩体所处构造位置的不同,导致岩体内裂隙的发育水平不均,地下水多赋存于裂隙带中,同时由于岩浆岩内各裂隙间的连通性较差,富水性较弱,枯季径流模数一般小于 $3.33 L/(s \cdot km^2)$。泉流量常见值在 $0.1 \sim 1.0 L/s$ 之间,个别构造破碎带可大于 $1 L/s$,钻孔涌水量一般小于 $100 m^3/d$。

(2) 补给、径流、排泄条件及与岩溶水联系

大多为浅层裂隙水,同一盆地补给区、径流区、排泄区基本相同。基岩裂隙水多是接受降雨补给,部分接受第四系孔隙水渗流补给,径流途径短,水循环速度快,沿着裂隙通道,以泉水或者散流的形式排泄于沟谷中,部分区域和岩溶水存在密切的水力联系。

4) 碳酸盐岩类裂隙溶洞水

在龙岩、适中等碳酸盐岩分布的山间盆地,赋存碳酸岩类裂隙岩溶水。岩溶水的水力活动,与盆地及周围地区的岩溶地面塌陷密切相关,碳酸盐岩岩性为灰岩、大理岩,部分与页岩等沉积岩形成夹层。碳酸盐岩主要分布在地下,地表零星出露。以龙岩盆地为例,龙岩盆地主城区为主要供水水源地,盆地内溶洞溶沟发育,岩溶通道相互连通,大气降雨等补给来源充足,岩溶水水量丰富,盆地与区外灰岩区连接较密切,循环条件好。

2.2 研究区岩溶塌陷发育的地质环境条件和特征

2.2.1 岩溶发育的控制因素

1) 碳酸盐岩岩组与岩溶发育的关系

研究区碳酸盐岩类具有分布广泛、面积小的特点,岩性以灰岩为主,多与碎屑岩间层,构造运动强烈,多分布于地下,地表岩溶发育较弱;可溶岩岩组以船山组、栖霞组分布最广,属连续厚层-巨厚层状灰岩岩组。研究区揭露的溶洞溶沟

主要分布于栖霞组 P_2q 燧石灰岩岩层中,通过分析灰岩成分及所处岩组的岩溶发育程度,可以发现:灰岩中 CaO 含量越高,岩溶的发育程度越强烈,岩溶率越高。

灰岩岩面起伏变化大(图 2-4),第四系冲洪积层厚度、灰岩化学成分比例、岩溶发育程度均有较大差异,充分说明研究区岩溶发育不均。在岩土界面常常形成不同深度、不同规模的溶沟、溶槽等开口岩溶形态,且它们常常与溶洞等地下岩溶管道相连。

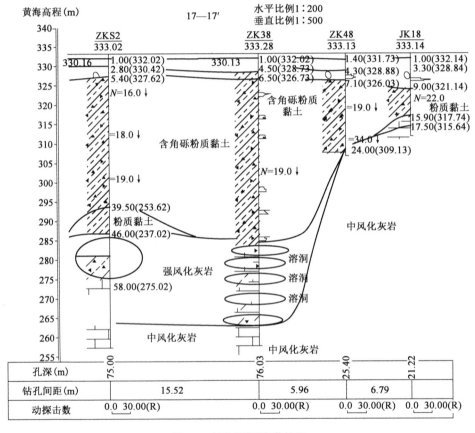

图 2-4　灰岩基岩面起伏情况

2)上覆盖层岩性与岩溶发育的关系

通过对研究区塌陷点地层性质进行统计分析可知,研究区岩溶塌陷主要发生在全新统和上更新统时期的土体,因为全新统地层和上更新统地层形成年代晚,固结程度较低,土体结构较疏松,土体的抗剪强度较低,容易在外动力作用下诱发岩溶地面塌陷。

研究区土体类型主要有黏土、粉质黏土、砂卵石土、含碎石角砾黏性土。覆盖层的土层性质不同，其物理力学性质、渗透性能不同，覆盖层土体发生破坏时的机理也不同。当上覆土体为砂卵石，在地下水作用下，细颗粒先被渗流带走，覆盖层土体结构扰动，稳定性降低，进而土体结构发生破坏，最终在潜蚀作用下，发生岩溶地面塌陷。当覆盖层土体为黏性土，相同条件下，级配良好的黏性土，其抗潜蚀能力更强，土体稳定性更好。当覆盖层为砂卵石和含碎石角砾黏性土互层时，其抵抗潜蚀变形的能力较低，在地下水作用下，容易发生潜蚀破坏，形成土洞，进而导致岩溶塌陷的发生。根据收集到的钻孔资料可知，含碎石角砾黏性土为研究区的典型地层，对探索研究区岩溶塌陷的成因机理具有十分重要的意义。区内河流一级阶地的地层主要是交错沉积的粉质黏土、砂卵石和含角砾黏性土，土层固结程度低，土体的稳定性较差，区内河流二级阶地土层以二元结构的冲洪积黏性土、砂卵石为主，结构较疏松，稳定性较差，所以灰岩区河流一级阶地、二级阶地常常发生岩溶地面塌陷；在山前坡地和台地上覆盖层主要为残坡积黏性土类，土体物理力学性质较好，塌陷现象比较少。

此外，根据调查和统计结果发现，二元结构、多元结构更容易发生岩溶塌陷。这主要是由于二元结构、多元结构土层固结度差，土层比较疏松，抗剪强度、抗塌能力差，容易发生潜蚀破坏，形成土洞，进而引发岩溶塌陷；一元结构黏性土粒间连接较好，固结密实，抗渗能力较强，在地下水作用下，不易发生岩溶塌陷。

3）地下溶洞的发育规律及充填特征

研究区山间盆地地貌特征为负地形，汇水面积大，构造运动强烈，构造裂隙发育，在可溶岩内发育形态各异的溶洞、溶沟、溶隙，溶洞和溶蚀裂隙构成了地下水运动的渗流通道，与岩溶地面塌陷密切相关。

首先，研究区岩溶的发育情况随区域地形地貌差异特征具有明显的分带性。整体上呈现为中山、中低山区裸露型灰岩零星分布，分布面积小，地下水补给来源主要是降雨补给，然而中山、中低山地势陡峻，降水很少汇聚下渗，多形成地表径流排泄出去，因此，岩溶地下水对本地貌的灰岩影响程度相对较小，岩溶发育程度差，如岩山、象山等地灰岩，只见溶沟、溶槽、溶隙和小溶洞。低山丘陵区地势相对变缓，汇水面积较大，降雨下渗量较多，地下水水量较丰富，地下水循环条件较好，对岩溶的溶蚀能力较强，岩溶率较高，如龙岩龙硿洞、龙岩洞。通过研究区实地考察，可以发现区内溶洞、地下河等较大规模的岩溶地貌都出现在这两个地貌单元，但是岩溶发育程度各异，岩溶率较低，钻孔溶洞能见率较低。覆盖型灰岩区或者埋藏型灰岩区多分布于山间盆地及河谷平原区，地下水循环条件好，

13

水量丰富,岩溶发育程度好,钻孔溶洞能见率和岩溶率均较高。尤其是第四系覆盖区,在第四系未覆盖前,灰岩面在地表长期被风化侵蚀、溶蚀,造成灰岩表面岩溶发育强烈,第四系覆盖后,地下水循环条件好,地下水对灰岩的溶蚀作用更加强烈,造成灰岩进一步的发育。在对龙岩盆地进行地层勘探中,几乎孔孔有溶洞。因此,从盆地山区向河谷平原方向,岩溶越来越发育,岩溶率和钻孔溶洞能见率越来越高。

其次,研究区岩溶发育在垂向上具有分层性。通过对收集到的区域水文地质、工程地质报告、地质灾害报告进行统计分析,研究区的岩溶发育特点具有从浅部到深部,溶洞溶隙数量从多到少,溶洞直径从大到小,岩溶发育程度由强变弱,钻孔溶洞能见率和岩溶率从高到低直至消失。研究区地表以下50m 内的岩溶发育程度最为剧烈,溶洞分布密集。据不完全统计,在揭露的186 个溶洞中,地下30m 以内岩溶发育最强烈,共揭露溶洞158 个,占比达84.95%,其中在地下10~20m 埋深范围内的溶洞93 个。可见溶洞主要发育在地面以下50m 范围内,尤其在20m 深度范围内最为发育。50m 以下则趋于消失,因为浅部地下水动力条件强,循环条件好,溶蚀作用强,岩溶发育强烈,随着深度的增加,地下水补给差,溶蚀作用逐渐减弱。

同时,研究区溶洞有全充填、半充填和无充填3 种形式。对揭露的186 个溶洞进行分类,其中全充填溶洞158 个,占比约84.95%;半充填溶洞10 个,占比约5.38%;无充填的溶洞18 个,占比约9.68%。且随着溶洞发育深度的增加,溶洞充填率逐渐降低,因为浅部的溶洞距充填物质来源近,深部的溶洞距充填物质来源比较远;同时,地下水的渗透、溶蚀能力也是随着深度增加而逐渐减弱。

通过对充填物质进行分析后发现,溶洞中的充填物主要源于灰岩上部的第四系覆盖物被地下水渗流携带堆积于此,灰岩溶蚀残留物很少。由于覆盖层土层性质具有差异性,导致溶洞充填物性质复杂,种类繁多,从黏土到卵砾、漂石等均有,且充填物分选性很差(一般混杂有黏土、卵石、砾石、碎砾石土等);只有部分溶洞充填物分选性较好,具有水平层理结构。

从地形地貌上来看,河谷平原溶洞主要是含角砾碎石黏性土、砂砾卵石等粗颗粒物质充填,如曹溪、铁山等地;而低山山麓、山前丘陵台地及溶岩裸露地区,溶洞充填物以黏土、砂黏土、黏砂土或土类混杂碎砾石等细颗粒物质为主,如青草盂、九飞岩、溪南、李家坪等地区。

此外,溶洞充填物性质与溶洞随离第四系覆盖层远近呈现比较明显的差异,一般浅部和中部的溶洞,其充填物以上覆土层为主;而深部的溶洞,充填物主要是灰岩的溶蚀残余物质。

溶洞充填物的性质和分布特征主要与以下四个方面密切相关：

（1）溶洞充填物的性质与所处的地形地貌条件有关：位于低山山麓和缓丘台地的溶洞，充填物以残坡积砂黏土夹碎砾石或洪坡积黏土夹卵砾石为主。

（2）溶洞充填物的性质与上覆第四系岩性，尤其是第四系底部的岩性密切相关：区内钻孔揭露的第四系直接覆盖下的溶洞，充填物几乎同第四系底部的岩性完全一样。溶洞充填物受第四系岩性控制，在本区极为明显。

（3）溶洞充填物性质反映其可溶岩岩性组分特征：发育在含燧石结核灰岩中的溶洞充填物，一般均含有相当数量的燧石角砾；发育在深部纯灰岩中的溶洞常有灰白色黏土充填。

（4）溶洞充填物性质与岩溶地下水循环条件密切相关：地下水循环条件好，径流排泄通畅的位置，黏土、砂黏土等细颗粒物质容易被地下水携带走，较少在溶洞中沉积，因此，溶洞充填物主要是砂卵石等粗颗粒物质，如化肥厂地区；地下水循环条件差，径流排泄受阻的封闭、半封闭地区，溶洞充填物主要是黏性土、含砂黏土等细颗粒物质。在垂向上表现为强岩溶地段，其中部、下部的溶洞充填物主要是砂类物质，强岩溶段上部和弱岩溶段溶洞充填物以黏性土类为主；同时溶洞越大，其径流的过水断面越大，地下水流速越慢，越容易充填细颗粒物质。通过调查发现，研究区内大型溶洞的充填物质大多是黏土物质。

综上所述，本区溶洞充填物的性质与附近的地形地貌、第四系覆盖物、可溶岩成分、地下水动力条件等因素密切相关，溶洞充填物性质和岩溶发展演化过程具有十分密切的关系，需要进一步深入研究。

4）地质构造与岩溶发育的关系

研究区盆地岩溶发育强弱分布带与主要的构造线构造方向一致，其中强岩溶分布带主要由复式背斜轴部和 NNE 向断裂构造带控制；中等岩溶分布带主要受复式背斜轴部的影响，而分布在复式背斜两翼的复式向斜轴部主要是弱岩溶发育区。另外，分布于张性断裂破碎带、压性或压扭性断裂带上盘或交汇位置，岩层的整体性遭到破坏，岩体破碎，裂隙发育，部分裂隙率达 $7.2\% \sim 13\%$。

由于裂隙带往往成为地下水的径流通道，在地下水长期的侵蚀、溶蚀作用下，岩体的结构进一步遭到破坏，在裂隙发育带周边形成了形状各异、大小不一的溶洞、溶沟等。由纵弯褶皱作用形成的背斜构造，背斜转折段在应力环境和变形特征下容易形成一组共扼剪节理和纵向张节理，即岩溶发育的有利裂隙带，容易成为地下水运动的通道，在岩溶地下水的溶蚀作用下，极利于岩溶的发展。而向翼部和地下深部，构造应力环境以挤压应力为主，裂隙闭合，形成了相对隔水的水文地质环境，因此，龙岩盆地中部复式背斜轴也表现为随着深度增加，岩溶率逐步下降。如铁山地区沿着背斜轴部及张性断层附近的钻孔,岩溶十分发育,分别遇溶洞23个和19个,溶洞总高分别为37.72m及45.39m,岩溶率达21.8%及14.7%;位于红坊背斜的钻孔,溶洞总高分别为26.10m、30.96m、11.71m及32.06m;位于曹溪背斜的钻孔,遇溶洞总高均大于10m。

岩溶发育强弱与区域地质构造活动密切相关,岩溶发育的空间分布和主要的地质构造线比较吻合,形成的岩溶带与研究区的岩层走向一致,而岩层的产状特性主要受到次级褶皱、断裂构造的影响,同时岩溶发育区的发育程度、规模、力学机制、岩层碎裂特征也受到断层、褶皱等地质构造因素的控制。总之,地质构造是岩溶发育强弱和控制岩溶发育方向的重要影响因素。

2.2.2 已有岩溶地面塌陷发育特征

闽西南地区岩溶地面塌陷平面形态多呈圆形或近椭圆形,圆形的直径一般为2~6m,少数达18~20m;椭圆形的长轴一般为2~8m,短轴1~6m,少数椭圆形的长轴为10~15m,短轴为7~10m。塌陷的面积一般为3~30m²,个别达180~480m²。沿发育深度方向,岩溶地面塌陷发育多在5m以内(图2-5、图2-6)。

图2-5 樟坑自然村岩溶塌陷　　　图2-6 龙岩实验二小岩溶塌陷

根据地质灾害规模等级划分标准(表2-2),发现的岩溶塌陷规模没有大型和巨型的,属于小型的有57处,占地质灾害统计数的98.28%,属于中型的有1处,占统计数的1.72%。

地面塌陷分级标准　　　　表2-2

级别	巨型	大型	中型	小型
塌陷或变形面积(km²)	≥10	1~10	0.1~1	<0.1

2.2.3 研究区岩溶塌陷的分布规律

1)岩溶塌陷的时空分布规律

时间上,研究区岩溶塌陷灾害多发生在春、秋两季,其中以雨季的初期和末期发生最为频繁。尤其每年2~4月,即旱季刚过的梅雨期是岩溶塌陷最活跃的季节,共发生19次,占总数的39.6%(图2-7)。当地下水位低于基岩面时,降雨便成塌陷的主导因素。雨季期间产生的岩溶塌陷,多发生在覆盖层为砂卵石、含碎石角砾黏土的二元结构中,并且发生地常处于年水位最低点。在已塌陷地区,由于土体结构已受到扰动破坏,容易在降雨过程中产生冲击力和垂直渗透力作用下发生集中塌陷。

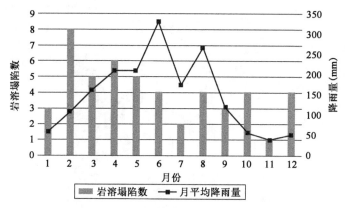

图2-7 各月份岩溶塌陷灾害情况统计图

空间上,根据研究区岩溶塌陷群空间分布图(图2-8)可知,岩溶塌陷区的分布特征主要有以下几点:

(1)大多发生在覆盖型岩溶区,从地形地貌上看,地面塌陷主要发生在河谷平原区,大多数在盆地中部的河流一级阶地,占81.8%,少数发生于二级阶地、低山丘陵地貌。

(2)第四系土层厚度小于30m,以砂卵石、含角砾粉质黏土为主,多具有第四系潜水和岩溶水双层结构。第四系潜水多位于砂卵石层里,而岩溶水多处于承压状态,第四系潜水与岩溶水具有较密切的水力联系。

(3)岩溶塌陷多发生于岩溶地下水降落漏斗及其影响范围内,在机井或民井开采点布置监测点,可观测到塌陷多发生在开采点附近。

(4)已发生的岩溶塌陷大多处于盆地断裂带及褶皱发育带的影响范围内。如龙岩盆地受北东、北北东向断裂影响,复式背斜内的褶皱、区域断裂等构造线多呈北东30°~50°方向展布。而该区内从铁山至城区岩溶塌陷总体展布方向及塌坑个体长轴方向主要也是为北东及北东向发展。

综上所述,研究区岩溶塌陷在时间上与降雨、盆地河流水位季节性变动有关,空间上主要分布在盆地背斜轴部、断裂等的次级构造发育段和覆盖型岩溶区,人类工程活动是最主要的诱发因素。为此,岩溶塌陷机理分析应重点考虑降雨、河流水位和工程活动等因素对覆盖型岩溶的作用。

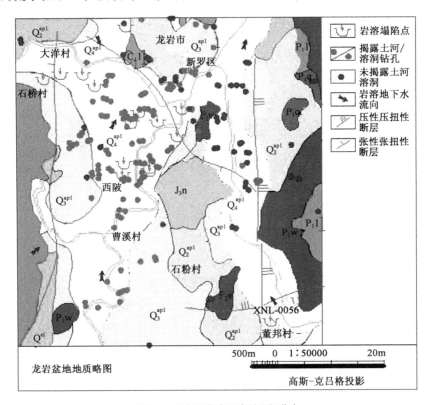

图 2-8　研究区岩溶塌陷群空间分布

2)岩溶塌陷的地质结构

覆盖层是岩溶塌陷产生的物质载体,既是岩溶塌陷的破坏体,又是抵抗地面变形的重要组成部分。在外力作用下,覆盖层土体通过自身应力和变形的调整,抵抗消除外力所带来的不良影响。当覆盖土体的力学平衡条件被打破时,岩溶塌陷就会发生。因此,覆盖层性质的好坏,直接影响了岩土体的整体稳定性。在各个因素中,覆盖层的结构和厚度是影响塌陷发生与否的主要因素。

覆盖层结构主要表现在岩土体的相应排列及组合特征上。不同性质岩土体的组合形式,直接影响其抵抗外力的能力,同时也将造成不同的岩溶塌陷演化过程。对比分析研究区典型塌陷区的土层结构,可以归纳为一元结构、二元结构和多元结构。对发生的58处岩溶塌陷进行统计分析(图2-9),有24处土层为二元结构,15处为多元结构,9处为一元结构(黏性土)。其中,山地丘陵覆盖层以残坡积黏性土为主,二级阶地以二元结构的冲洪积黏土、卵石为主,一级阶地则以交错的粉质黏土、砂卵石和含砾粉质黏土或一元结构的砂砾卵石为主。

一般来讲,覆盖层厚度越大,地下水潜蚀路径越长,越不利于地下水的潜蚀和掏空,土洞扩展到地面的时间就会越长,洞内的应力更加容易在达到塌陷的临界状态前就趋于稳定,越不容易塌

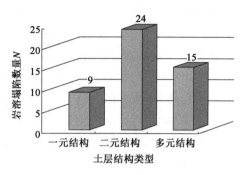

图2-9 覆盖层结构岩溶塌陷数量统计图

陷。根据区内相似性原则,将岩溶塌陷点按照覆盖层不同厚度进行划分,统计结果显示(图2-10),龙岩市内77%的岩溶塌陷点土层厚度在10~30m,土层厚度在5~10m之间为7处,土层厚度大于30m的有3处,土层厚度在5m以下的只有1处。

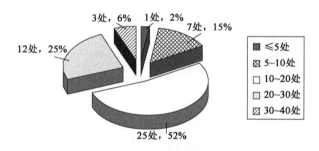

图2-10 覆盖土层厚度岩溶塌陷数量统计图

3) 岩溶塌陷的水文条件

研究区盆地为一个四周环山、中间低平的山间河谷盆地。盆地外缘山势陡峻,盆地中间低丘台地与河谷平原相间并列。研究区的岩溶地下水整体呈现为低山丘陵补给区—盆地径流区—河流排泄区的运行模式,主要受大气降雨补给。覆盖型岩溶区一般分布于盆地、河谷平原区径流、排泄地带,水位埋深小,泉流量一般大于100L/s。一般情况下,裸露、覆盖、埋藏这3种类型的岩溶水在同一岩溶盆地汇水面积内,构成独立的水文地质单元。研究区主要以岩溶地下水作为供水水源,经过多年的开采,地下水位降幅一般都在0.1~15.5m,最大达60m。

根据监测数据,可以将研究区的岩溶水水位演化过程划分为两个阶段:增采阶段(1984—1999年)与控采阶段(2000年以后)(图2-11)。其中,岩溶水位的演化形式、开采中心水位变化特性以及岩溶地下水降落漏斗的变化趋势均受制

于岩溶水开采方式。通过分析监测点多年监测数据,根据岩溶水不同开采阶段的特性,得出以下结论:在增采阶段,岩溶水开采量急剧增加,造成岩溶水位不断降低,地下水降落漏斗向外延伸扩展。此外,在1983—1995年期间研究区地下水开采强度大,岩溶水位降幅达到7m,埋深达到20.29m,岩溶水位降至基岩面附近,处于承压-非承压的状态,且受到降雨的影响大,水位波动大,变动范围在3~6m。2000年以后,进入控采阶段,岩溶水开采量得到控制,降落漏斗停止向外扩张,趋于稳定。从近几年的水位监测数据可知,岩溶水位埋深稳定在20m左右,岩溶水位变化在1m以内。

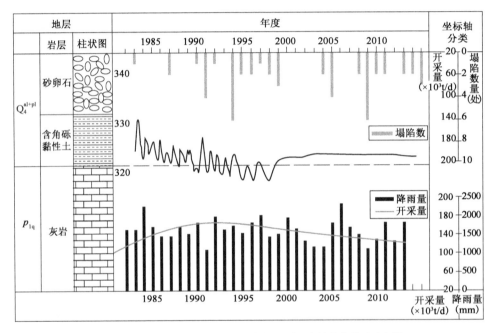

图2-11 研究区岩溶塌陷与地层、降水、开采及岩溶水位关系示意图

2.3 岩溶土洞塌陷的地质概化模型

闽西南地区岩溶塌陷集中分布在城市所在盆地或河流两侧的一级、二级阶地上,根据收集到的资料分析可知,闽西南地区地面塌陷主要为覆盖型土洞塌陷。因此,主要研究覆盖型土洞塌陷的地质概化模型。根据闽西南地区的环境地质条件,通过收集大量的地质灾害报告、工程资料、水文勘察报告,结合现场的调研结果,可以将岩溶塌陷地质概化模型依据覆盖层、岩溶介质、溶洞溶隙充填

物性质以及地下水动力模式四个方面分别进行分析。

2.3.1 覆盖层地质概化模型

1）单一透水型覆盖层地质结构模型

其覆盖层多为砂类土、砾类土、卵石土及其夹粉质黏土薄层,分布第四系孔隙水,与其下岩溶水具有水力联系,由于其密实度和级配不同,破坏形式也不相同。

以砂性土为例,覆盖层为松散的砂性土时,地下水位上升,使砂性土处于饱和状态,颗粒间有效应力降低,当可溶灰岩表面有岩溶通道或溶洞存在时,在重力或地下水等动力作用下容易自由流失,发生溃砂,产生塌陷。当砂性土级配良好、密实时,重力作用下容易在土洞洞顶产生土拱效应,随着水位波动,土体来回剪切,土体抗剪强度降低,土层被渗流带走,土洞形成并扩展。当土拱效应失效,就会产生岩溶地面塌陷。在闽西南地区,河流两侧多为单一透水型覆盖层地质结构模型(图 2-12),地下水动力强,下部溶洞发育时,容易产生塌陷,覆盖层厚度一般小于 5m,多可直接发现并治理,危害性较小。

2）单一阻水型覆盖层地质结构模型

其覆盖层多为黏性土、亚黏土、粉质黏土、风化泥岩、页岩等,常会在开口溶洞或溶沟上形成土洞。在外动力作用下,覆盖层土拱效应失效,发生塌陷,岩溶地下水所处位置不同,直接导致覆盖层破坏机理不同。单一阻水型覆盖层地质结构模型如图 2-13 所示。

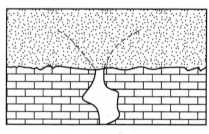
图 2-12 单一透水型覆盖层地质结构模型

图 2-13 单一阻水型覆盖层地质结构模型

当地下水位于盖层中间时,由于覆盖层土体为不透水层,岩溶水位处于承压状态,不透水层与承压水直接接触的土体,在高水头作用下,容易发生软化。同时在承压水作用下,沿土层薄弱位置,容易发生水力劈裂,产生通道,在人为抽水加速地下水的循环过程中,灰岩界面上的土体遭受剥蚀,细小颗粒被岩溶水携带走,最终在溶洞或溶隙上方形成土洞。在地下水作用下,土洞进一步发展,最终破坏了上覆盖层的稳定,导致塌陷发生。

当地下水在岩土界面波动时,上覆盖层土体一直处于干湿循环过程,黏土膨胀不均,很容易发生崩解。崩解试验结果表明:研究区的黏性土含水率<24%时,崩解率基本可达到100%;当黏性土含水率>24%时,其崩解率迅速减小。同时,地下水位波动使土洞中形成水、气压力波动,可使土洞向临空面剥落扩大。在1990—1999年间,龙岩盆地地下水位在基岩面附近上下波动,造成上覆盖层结构扰动破坏,因此这段时间龙岩盆地岩溶塌陷密集发生。

当地下水处于覆盖层以下时,覆盖层土体没有直接与岩溶水接触,潜蚀运动不会发生,此时发生的塌陷多是由于岩溶水位急剧变化产生的气压差而引起。尤其在雨季初期,上覆盖层受降雨影响含水率增加,土层气密性较好,人为抽水造成地下水位下降,产生的气压差不容易消散,急剧增加的气压力破坏了上覆土层的稳定性,最终导致塌陷发生。

3)砂卵石土、黏性土、软弱土薄层互层地质结构模型

在河流两侧的一级阶地,由于河流的搬运堆积常常会形成砂卵石土、黏性土、软弱土薄层互层的地质结构,各薄层厚度均小于3m,在第四系孔隙水与岩溶水共同作用下,很容易发生失稳现象。尤其因为各层厚度较小,当下部黏性土无法支撑上覆盖层时,形成"天窗",上部砂性土、软弱土在重力作用下,很容易沿"天窗"发生漏失,最终在地表形成塌陷坑,发生岩溶塌陷。砂卵石土、黏性土、软弱土薄层互层地质结构模型如图2-14所示。

4)阻-透型覆盖层地质结构模型

其覆盖层下部土体为黏性土,上部为透水性好的砂砾卵石土二元结构。由于第四系水和岩溶水作用下,黏性土土体易软化崩解,地下水动力作用下,基岩界面容易形成土洞。第四系孔隙水和岩溶水存在水位差,在上覆盖层内部形成渗流潜蚀,土体结构性被慢慢破坏,当形成渗流通道时,潜蚀进一步增强,加快土洞的发展,最终土洞发展至一定高度,土洞顶板厚度无法承受上覆荷载,导致岩溶地面塌陷的发生。阻-透型覆盖层地质结构模型如图2-15所示。

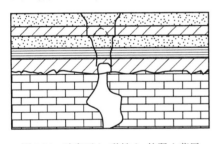

图2-14 砂卵石土、黏性土、软弱土薄层互层地质结构模型

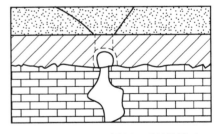

图2-15 阻-透型覆盖层地质结构模型

第2章 闽西南地区岩溶土洞塌陷的地质条件及概化模型

5）阻-透-阻型覆盖层地质结构模型

主要为砂砾卵石土和黏性土形成的互层，覆盖层下部土体为灰岩风化壳形成的含角砾黏性土，中部为砂砾卵石土，下部为第四系冲洪积形成的黏性土。由于下层黏性土厚度较大，黏性土性质较好，一般情况下，不容易发生岩溶塌陷。但在外动力作用下，下部黏性土被击穿，形成"天窗"，中层的砂砾卵石土容易在地下水作用下被潜蚀，土洞不断向上发展，最终导致塌陷。阻-透-阻型覆盖层地质结构模型如图2-16所示。

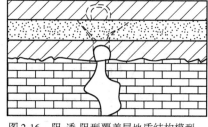

图2-16　阻-透-阻型覆盖层地质结构模型

2.3.2　岩溶介质地质概化模型

1）单层溶洞地质结构模型

由于地下水的溶蚀作用，在灰岩和上覆盖层界面常会发育单层溶洞（图2-17），溶洞的存在为塌陷物质提供了运移通道和存储空间。单层溶洞一般揭露于河流二级阶地，溶洞间连通性一般，地下水动力条件一般，当塌陷物质堆积于溶洞中时，塌陷体因为孔隙增加其体积也增加，溶洞会被完全填塞，上覆盖层会达到新的稳定，不再塌陷。所以只要上覆盖层到达荷载作用下土层的安全厚度，岩溶地面塌陷就不会发生。

2）竖向洞穴地质结构模型

当洞穴受到断层等结构面控制，或在两断层交汇处时，会沿构造节理裂隙侵蚀及塌陷而形成垂直、倾斜或阶梯状的落水洞。在空间上常发育成竖井状，是从地面通往地下深处的洞穴。调查中发现，落水洞较少，且规模较小。落水洞入口处是地表汇水点，流量大、流速快、溶蚀强、冲蚀作用也强，容易造成洞壁崩塌，上覆土体塌落，洞体扩大，这一现象在龙州工业园区塌陷点中有很明显的体现。竖向洞穴地质结构模型如图2-18所示。

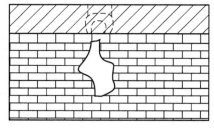

图2-17　单层溶洞地质结构模型

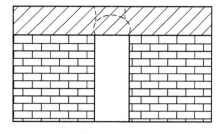

图2-18　竖向洞穴地质结构模型

3) 串珠状地质结构模型

串珠状地质结构模型按照岩溶发育的方向,可以分为水平向串珠状地质结构模型(图 2-19)和竖直向串珠状地质结构模型(图 2-20)。

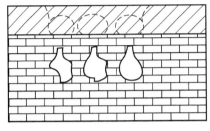

图 2-19　水平向串珠状地质结构模型　　图 2-20　竖直向串珠状地质结构模型

当灰岩和非可溶岩互层,并且非可溶岩层位于灰岩下部时,非可溶岩层阻止岩溶向下发展,促使溶洞往水平向发展。当溶洞的相对距离比较小时,其中的某个土洞发生塌陷,会破坏土洞周围土体的结构性,诱发周围土洞进一步发展,最终以塌陷群的形式展现出来。

由于地质构造作用或者岩溶地质结构的差异,常常在地下水动力条件较强的区域剖面上表现为几个溶洞一起构成的竖向串珠状溶洞,彼此间的基岩顶板较薄,在外动力或地下水溶蚀作用下,很容易发生贯通,将此类地质模型定为垂直发育的串珠状溶洞。此类地质结构模型的存在,为岩溶塌陷预防与治理增添了难度。例如龙岩市实验小学所处场地发育多层溶洞,2011 年 11 月 11 日,当发生岩溶塌陷后,虽然及时对塌陷坑进行了煤矸石填埋,但 10 天后在原有的塌陷坑上又发生了岩溶地面塌陷。这主要是由于其下部发育多层溶洞,当第一次发生岩溶塌陷后,虽然进行了填埋,但第二层溶洞顶板厚度较小,进行煤矸石填埋相当于对其施加荷载,溶洞顶板无法承受上覆土层重量,因而再次发生岩溶塌陷。因此,在实际治理工作中,要尤其注意竖直向串珠状岩溶发育情况。

4) 溶沟溶隙复合地质结构模型

溶沟、溶槽和溶痕指的是石灰岩表面上的一些沟槽状凹地,由于灰岩岩性存在差异,其发育程度也有所不同,在龙岩、雁石、适中、大池等盆地边缘裸露型或半裸露型岩溶区表面广泛发育。溶沟多呈"V"字形,宽度一般在 0.1~0.3m 之间,深 0.01~0.1m,间距一般为 0.1~0.5m,切割、溶蚀深度多在几厘米至几十厘米之间;溶槽呈"U"字形,宽十几至几十厘米,有些达 1m 多宽,深达十几至二十几厘米以上,长达几米至十几米;溶痕宽几厘米至十几厘米,长几厘米至数米,具锯齿状特征。可以推测,在上覆盖层和基岩接触界面上,由于构造裂隙、层面岩层产状等因素的影响,也可能有许多密集的小溶沟溶隙联合,在地下水的作用下可能形成面积或直径特大的"组合塌井",由于溶洞溶隙个体都较小,能轻易被坠落的土体填满或堵塞,导致覆盖层底部土体坠落入溶沟溶隙的数量不多,所以上覆盖层下沉的幅度小,一般为几十厘米。因此在岩溶区,当出现较大范围的地面沉降时,排除地下水下降所造成的固结作用的影响以外,就可以考虑场地是不是溶沟溶隙复合地质结构模型(图 2-21)所引起的地面沉降。

5)碳酸盐岩与非碳酸盐岩接触带岩溶发育地质概化模型

闽西南地区岩溶的发育,除了受到地下水侵蚀溶蚀和构造作用等因素控制外,碳酸盐岩与非碳酸盐岩接触带也是导致岩溶发育的重要因素(图 2-22)。如 2009 年 12 月 23 日,龙岩新祠龙厦铁路隧道 1 号斜井在施工过程中,盆地北部隧道开拓至花岗岩体与灰岩接触带时,揭露了北东向的 F1 断层和北西向的 F3 断层,断层破碎带沟通了上部的岩溶含水层。由于该区岩溶较发育,大量岩溶地下水向隧道内排泄,盆地地下水透水量达 14000m³/d,减少了地下水静储量,形成巨型条带状的降落漏斗,最大水位落差达 150m 左右,上游 1km 处岩溶地下水位仍下降 45m。地下水位的下降失去或减少了地下水对上部土(岩)层的浮托力,破坏了盆地上覆土体的平衡。尤其当有断层存在时,由于沟通了上部岩溶水和深层岩溶管道,岩溶水急剧向深层管道排泄,产生巨大的气压差,足以造成房屋倾斜、倾倒,道路毁坏,严重危害广大群众的生命财产安全。如樟坑盆地南部 F3 断层破碎带,因为沟通了上部的樟坑盆地覆盖型岩溶区的岩溶含水层,周边硐采矿山以及露采矿山疏干排水,盆地大量地表水下渗补给岩溶地下水,并向更低洼的采空区及采坑排泄,减少了地下水静储量,形成巨型条带状的降落漏斗。巨大的水位落差、大流量的地下水暗流产生虹吸现象,扰动或冲刷冲洪积层与岩溶管道,带走了大量的盆地上部的土体和溶洞充填物,导致地面沉降和岩溶塌陷。

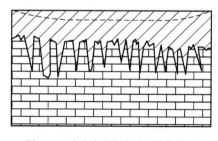 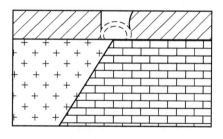

图 2-21 溶沟溶隙复合地质结构模型　　图 2-22 碳酸盐岩与非碳酸盐岩接触带岩溶发育地质概化模型

2.3.3 溶洞溶隙充填物结构模式

根据溶洞充填物的形成方式可以将充填物划分为两大类:沉积成因和潜蚀崩解成因。当岩溶溶洞溶沟形成后,经过长时间沉积,溶洞内充填物性质与上覆盖层性质相同,且一般是全充填。要想带走溶洞充填物就需要地下水动力条件达到覆盖层的临界水力梯度,相对而言,不容易形成土洞,整体比较稳定。

当岩溶溶洞溶沟中的充填物是由于上覆盖层在地下水动力条件作用下软化崩解,或在潜蚀作用下,被带到溶洞、溶隙中的,结构较疏松,在地下水动力条件较强的情况下,容易被携带走。按照充填的情况,可以划分为全充填、半充填和无充填。根据研究区内发育在30m内的158个溶洞统计数据可知,岩溶埋深在10~30m内,全充填率高达90%;发育在30~40m内的24个溶洞,有19个被全充填(包括半充填),占79%;而发育在40~50m内的4个溶洞中只有2个被充填。溶洞的充填程度随着深度的增加而减弱。同时,溶洞规模越大,充填率越高。

2.3.4 地下水动力模式

根据岩溶水位的波动特点及其与基岩面的位置关系,将诱发岩溶塌陷的地下水动力模式分为以下4种类型:

(1)岩溶水无压覆盖层饱水塌陷。岩溶水位由于降深过大,一直在灰岩界面以下波动,当上覆土层达饱水状态时,土体气密性较好,在岩溶水位波动的过程中,仍然可能产生很大的真空负压,诱发岩溶地面塌陷,这主要出现在矿区地下水疏干漏斗区。

(2)非饱和入渗塌陷。主要出现在台风暴雨天气或地面积水的区域,在水头差的作用下,地下水在覆盖层土体中产生渗流潜蚀,尤其是当场地为历史塌陷区,土体结构之前遭到破坏,土体性质较差时,极易在外动力条件下潜蚀破坏,发生二次塌陷。

(3)岩溶水承压塌陷。岩溶水位一直处于承压状态,此种塌陷形式主要是由于工程活动沟通了第四系孔隙水和岩溶水造成覆盖层渗流潜蚀破坏,或者承压水使上覆盖层产生水力裂隙,地下水波动造成岩溶塌陷的发生。龙岩实验小学的地面塌陷就是由于钻探破坏了基岩表面黏性土层,沟通了第四系孔隙水和岩溶水,最终导致塌陷。

(4)岩溶水承压-无压塌陷。岩溶水位在灰岩界面上下波动,主要分布于地下水开采井、机井等附近地区,如龙岩盆地的塌陷点主要都分布在抽水井附近。相比较其他模式,岩溶水承压-无压模式更加危险。

第3章 岩溶土洞塌陷机理及塌陷演化过程

3.1 研究区岩溶地面塌陷试验与分析

通过覆盖层土体分散性试验、覆盖层土体水力裂隙试验、覆盖层土体崩解试验,分别模拟第四系覆盖土层在岩溶地下水的三种作用模式(崩解、潜蚀、水力裂隙)下土体的破坏机理,并得出对应的水动力条件定量值,所获得的试验结果能够为岩溶地面塌陷成因机理的分析提供一定的参考依据。

3.1.1 覆盖层土体分散性试验研究

潜蚀作用是地下水在覆盖层渗流移动过程中,对土体进行的机械侵蚀和溶蚀作用。当岩溶地下水在覆盖层中的渗流速度超过了土体抗潜蚀作用的临界速度时,土颗粒就会被渗流携带走,从而发生潜蚀,进而在覆盖层中形成土洞。通过针孔试验可以直接定量地判别土样的分散性和细颗粒的抗冲蚀能力,模拟土体中的孔隙在地下水渗流作用下所能承受的冲蚀条件。

分散性试验装置(图3-1、图3-2)主要由两部分组成:供水系统和土样采集罐系统,分别模拟水动力条件和第四系覆盖土层特性。供水系统由8m长的PVC6分管(提供高水头,即水头管)、U形控制水头管(控制定水位)、绳子、开关、定滑轮组装而成。其中水头管与自来水管相连,通过滑轮限定水头高度,打开U形管的进水开关,自来水沿着水头管上升,模拟岩溶水位升高,水压力值增大,通过水位升降来模拟不同水压力值对覆盖层土体的作用。土样采集罐是长10cm、内径为8cm的圆管,两端为刻槽铝盖,槽内放置胶圈防水,并用螺钉拧紧密封。当向土样采集罐注水时,排走采集罐内的空气,通过前盖上的小嘴连接导水软管与供水系统相连,模拟水动力条件作用。土样采集罐出水端的铝盖模拟灰岩的基岩面,中心的出水孔直径为1.2cm,用来模拟开口溶洞。试验中,通过观察采集罐出水口的渗水情况和水质浑浊情况来判别土体的破坏情况。

在土样采集罐内侧涂抹凡士林后,通过击实器直接在采集罐中制样。试样直径为80mm,厚度为40mm,中心穿刺直径为1mm的小孔,在黏土样中放置一高度为1cm的小椎体,小椎体中心位置穿刺直径为1.5mm的小孔,引导水流从试样中心部位直接渗入,黏土样左右两侧均放置1.5mm厚的钢丝网,同时在试样两侧各装厚度为40mm的小碎石(图3-3、图3-4)。

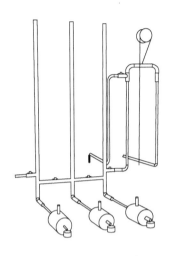

图3-1 渗透破坏模型示意图

图3-2 渗透破坏实物图

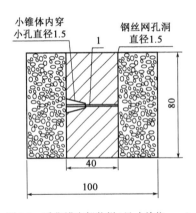

图3-3 采集罐内部装样(尺寸单位:mm)

图3-4 土样中扎直径1mm小孔

(1)饱和。保持渗透水头值为0,持续饱和时间不小于24h。

(2)加水压。通过滑轮提升进水口,由于连通器原理,可直接通过皮尺读得水头高度,水头从小到大逐级增加,按照表3-1来判断土体的分散性。

按照以上步骤,进行了水位高度为1020mm的分散性试验,通过滑轮提升水头至1020mm,保持稳定,打开开关,让水流进入土样罐,开始计时,5min后进行流量监测。可以观测到,全程渗水都是透明的,没有出现浑浊现象,同时测得流量为2.68mL/s。依照表3-1的分类标准,可知土为非分散性土。

针孔试验评价土的分散性标准   表3-1

类　别	水头 （mm）	某一水头的 持续时间（min）	流量 （mL/s）	渗水的 浑浊情况	最终孔径 （mm）
分散性土	50	5	1.0~1.4	浑浊	≥2.0
	50	10	1.0~1.4	较浑浊	>1.5
过渡性土	50	10	0.8~1.0	稍浑浊	≤1.5
	180	5	1.4~2.7	较透明	—
	380	5	1.8~3.2	较透明	≥1.5
非分散性土	1020	5	>3	稍透明	<1.5
	1020	5	<3	透明	1.0

3.1.2 覆盖层土体水力裂隙试验研究

水力裂隙作用是指当覆盖层土体承受的水头压力大于土体的抗渗强度时,覆盖层土体内部沿着薄弱面容易形成水力裂隙通道,在高水头的持续作用下,土体结构进一步破坏,从而加速土洞的形成。水力裂隙试验研究可以判断土体在承压水作用下,是否形成水力裂隙,是否产生渗透破坏。

水力裂隙试验装置和试验步骤基本与分散性试验相同,主要的区别在于土样采集罐中心的出水孔采取了3种不同的直径,分别为1.2cm、0.9cm、0.6cm,用来模拟不同的开口溶洞,并获取不同开口的土体临界破坏水头值。

试验过程中,第一级加压渗透水头1.5m,然后以0.25m为一个梯度逐级增加,控制土样在每级水头作用下维持8h以上,每级水压下测试4次渗流量和蒸发量,直至土样发生破坏。而土样破坏的标志可以依照渗水浑浊、黏土流出、土样击穿等现象来判别(图3-5)。在某一级压力作用下,出现其中的一种或多种变化时,即可说明此时土样已经发生了结构破坏,试验结束。如果在某一级水压力作用下土样发生破坏的征兆不是很明显,可以相对延长这一水压力下的观测时间。在实际土样发生破坏时,土样先是形成水力裂隙,流量突然变大,渗水变浑浊,在几十秒后,土样直接被击穿,在高水头作用下,直接以水柱的形式喷出。

根据水头压强关系式：$P = \rho g h$,g取9.8m/s^2,换算成抗渗强度,如表3-2所示。依照开口12mm、9mm、6mm的试验成果,可知此土样形成水力裂隙时临界渗透水头为2.83~3.92m,对应的抗渗强度为28.3~39.2kPa。

a) 开口6mm　　　　　　b) 开口9mm　　　　　　c) 开口12mm

图 3-5　土样渗透破坏

抗渗强度试验表　　　　　　　　　　　表 3-2

编　号		临界水头(m)	均值(m)	抗渗强度(kPa)
1(开口12mm)	1-1	2.75	2.83	28.3
	1-2	2.75		
	1-3	3.00		
2(开口9mm)	2-1	2.75	3.08	30.8
	2-2	3.25		
	2-3	3.25		
3(开口6mm)	3-1	4.00	3.92	39.2
	3-2	3.75		
	3-3	4.00		

3.1.3　覆盖层土体崩解试验研究

地下水位在波动时,容易使土体处于干湿循环变化的过程,如果土体具有崩解性质,一旦覆盖层土体接触到岩溶地下水,由于水进入土体孔隙的情况不平衡,容易引起颗粒间的结合水膜增厚速度不同,导致土体受力不均,产生应力集中,最终土体沿着斥力大于吸力的最大面崩落下来。岩溶地下水与基岩面的位置关系决定了土体是否发生崩解以及崩解程度,尤其是岩溶水位从基岩面以下上升到基岩面以上时,更容易在土体表面形成应力集中,使土体发生崩解。

通过模拟第四系覆盖土层在岩溶地下水作用下崩解的作用模式,配置不同含水率的土样,研究在静水条件下,每个含水率的岩土样其崩解量随时间发展的变化趋势。同时绘制每个含水率的岩土样的崩解量随时间的变化曲线和含水率与崩解量的关系曲线,获得研究区土体发生崩解作用的临界含水率。

崩解试验装置参考《土工试验方法标准》(GB/T 50123—2019),主要由浮筒、圆柱形水槽、网板、黏土试样组成。试验步骤如下:

(1)取原状土或用扰动土制备土样,用环刀切成直径为61.8mm,高为20mm的圆柱土样(图3-6)。

(2)测得黏土试样的含水率及密度。

(3)将制备好的圆柱状黏土试样置于网板中心部位,并将网板悬挂于浮筒下部,接着手持浮筒顶部,迅速将黏土试样浸入水槽中,同时开启秒表读数。

(4)读取黏土试样浸入水槽中时浮筒上的稳定读数及对应的稳定时间。

(5)分别读取时间在1min、5min、10min、30min、60min、2h、3h、4h…时对应的稳定读数,并记录各个时刻黏土试样的变化特征。可根据黏土的崩解情况,动态调整读数的间隔(图3-7)。

 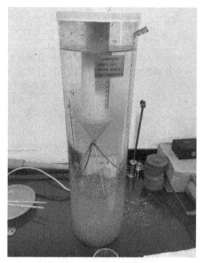

图3-6 崩解土样　　　　　　图3-7 崩解结束残留物

根据试验过程和结果,绘制不同含水率土样随时间的崩解量变化曲线以及两者关系图(图3-8、图3-9)。从图3-8中可以看到,不同含水率的黏土试样浸入水中,崩解速度越来越慢,直至趋于稳定。因为黏土试样刚浸入水中,土体干湿变化最为明显,结合水膜迅速增厚,导致土体受力不均,后期含水率提高后,土体抗崩解能力有所提高,崩解速率就相应降低。同时由图3-9可知,土体初始含水率与最终的崩解量之间表现为负相关,初始含水率越高,最终崩解量越少,此外,变化曲线中存在转折点,在含水率24%之前,崩解量较大,几乎可以达到100%的崩解;而当含水率超过24%后,崩解量随着含水率的增加而急剧减少,表现为抗崩解能力的加强。因此,可以将此转折点含水率定为崩解发生的临界条件。

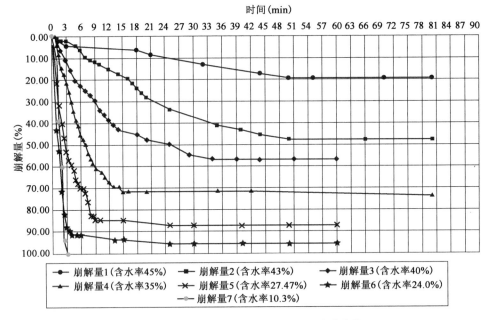

图 3-8 不同含水率土样随时间的崩解量变化曲线

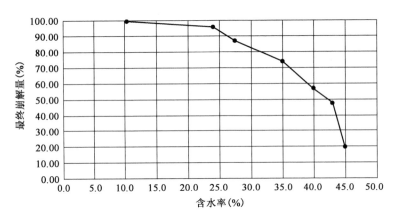

图 3-9 含水率和崩解量关系图

3.1.4 水位升降致塌模型试验

1) 试验装置

该试验物理模型由 3 个部分构成,即土层模型箱(图 3-10 ~ 图 3-15)、供排水系统、试验监测系统。

第3章 岩溶土洞塌陷机理及塌陷演化过程

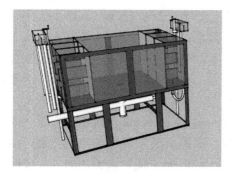

图 3-10 模型箱立体图

图 3-11 模型箱实物图

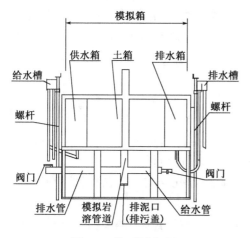

图 3-12 模型箱侧视图

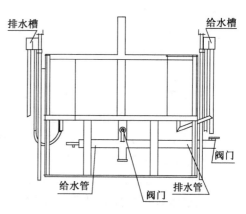

图 3-13 模型箱后视图

图 3-14 模型箱实物侧视图

图 3-15 模型箱实物后视图

(1) 土层模型箱

模型箱采用预制钢架和钢化玻璃拼接建造,模型总尺寸 2m×2m×2m,由上下两部分组成。上部为土槽与供水水箱（土槽尺寸为 1.4m×1.4m×1m，用于模拟第四系覆盖层，两侧水箱模拟第四系孔隙水；水箱尺寸为 1.4m×0.3m×1m，可以通过螺杆进行高度控制，土槽与水箱以带孔的钢板隔开），下部为直径 110mm 的 PVC 水管，用于模拟岩溶管道系统，通过开口 100mm 的圆孔与上覆盖层相通。

每 10cm 分层堆填、压实土层，分别在 0cm、30cm、60cm 的层位上布置孔隙水压力计、土压力计和沉降计 3 种监测仪器。覆盖土层总高度为 90cm，通过模型箱两侧的螺杆提升第四系孔隙水位的水头至 88cm。整个试验历时 4d，按照地下水动力条件改变的情况，可以将试验划分为六个阶段，其中阶段一、二、三主要研究第四系孔隙水水动力条件改变情况下土体的响应情况；阶段四、五是在岩溶地下水波动条件下，孔隙水和土压力的变化情况；最终在阶段六时发生岩溶地面塌陷。

（2）供、排水系统

两侧水箱供水：通过改变水箱的水位高度，来控制第四系孔隙水水位变动。

第四系孔隙水排泄：通过直径为 100mm 的圆形开口向岩溶管道排泄。

岩溶管道系统的供水：通过两侧的水箱连接岩溶管道可进行定水头供水，或者通过水泵抽取水槽中的水，利用压力表控制水压进行供水。

岩溶管道系统的排水：通过排水管，调节排水阀门控制排水的流量和流速。

（3）试验监测系统

通过水泵流量控制开关、岩溶管道开关、压力表等控制岩溶地下水动力条件及监测岩溶管道中岩溶水的动态变化情况。使用孔隙水压力计、土压力表、沉降计、U 形压力计来监测土体的响应情况，获取土体发生变形破坏时的特征。

①通过水泵流量开关及岩溶管道开关来调整岩溶地下水的水位、流量以及流速的变化；

②通过压力表监测岩溶水位的变化情况，获取试验模型的岩溶水动态特征；

③在覆盖土层中分层埋设孔隙水压力计、土压力计、沉降计，用来监测土层中的孔隙水压力值、土压力计值、土体沉降值；

④通过 U 形压力计量测在地下水下降过程中岩溶空腔产生的真空负压大小，同时可以通过地下水位下降过程中真空负压值和排泥量的大小关系，来研究每阶段土洞破坏的控制因素；

⑤通过岩溶管道系统中的排泥口，直接观测土层破坏，并且通过排泥量来预测土洞的扩展情况，以此来研究土洞形成、发展直至发生岩溶地面塌陷过程的演化规律。

2）试验过程数据分析

（1）第四系孔隙水位变化对岩溶塌陷的影响

通过变动第四系覆盖层两侧水箱的水头，模拟第四系孔隙水受到补给或在径流排泄的情况下，土压力计、孔隙水压力计和土体沉降计等仪器的动态响应情况，研究第四系孔隙水动态变化对岩溶塌陷形成、发展的影响程度。结果分析如表3-3所示。

供水位与土压力、孔隙水压力的关系　　表3-3

阶段	水位变动说明	土压力变化（0cm处）	土压力分析	孔隙水压力变化（0cm处）	孔隙水压力分析	变形特征
一	水位88cm，分3次下降，分别是10cm、10cm、20cm	基本保持在18kPa	水位下降影响较小	7.4kPa→6.5kPa→5.3kPa→4.0kPa	孔隙水箱水位下降与土体孔压的下降比较契合，水位降幅越大，孔压降低越大，土体孔压对水箱水位下降的响应有些延后	沉降计数值基本不变、排泥口无黏土排除，渗水清澈透明
二	水位88cm，分3次下降，分别是10cm、20cm、40cm	基本保持在18kPa		7.3kPa→6.7kPa→5.4kPa→2.90kPa		
三	水位88cm，分3次下降，分别是10cm、20cm、48cm	基本保持在18kPa		6.8kPa→5.7kPa→3.9kPa→0.1kPa		

（2）岩溶水位下降对塌陷的影响

保持两侧水箱供水，通过水泵抽水补给岩溶管道（阶段四）或者通过第四系水箱补给岩溶管道（阶段五），使岩溶水位发生变化，研究第四系孔隙水压力、空腔压力、土压力的变化（图3-16～图3-20）。试验结果表明：

①岩溶水位动态变化会引起岩溶管道水、气压力的动态变化，当黏土层结构完好，土体的气密性较好时，岩溶管道的岩溶水波动速率及水位降幅直接决定了压力值的变动大小。

②覆盖层土体发生岩溶地面塌陷的根本原因是岩溶水动力条件变化导致的土体受力状态的改变：

a. 岩溶水位下降使岩溶管道中产生真空负压，造成岩溶管道和土层间存在压强差，促使第四系孔隙水的渗透力加大，土体的潜蚀作用加强。

b. 岩溶水位上升使岩溶上覆盖层处于承压状态，使岩溶水向上渗流，增大土体孔隙度；当压力足够大时，将使上覆盖层产生水力裂隙，加快土体的破坏。

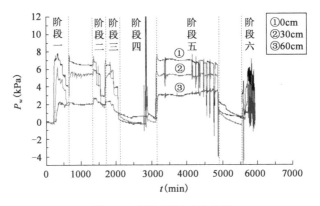

图 3-16 孔隙水压力变化曲线

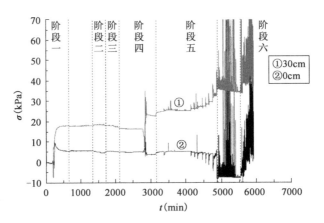

图 3-17 土压力变化曲线

图 3-18 岩溶水下降过程中排泥

第 3 章 岩溶土洞塌陷机理及塌陷演化过程

图 3-19 岩溶水位升降,土层沉陷

图 3-20 覆盖层塌陷图

③岩溶空腔上覆土层强烈破坏主要发生在如下几种情况:

a. 当水泵以较大的水压补给岩溶管道,造成上覆盖层从非承压状态变为承压状态时,极易在上覆盖层中形成水力裂隙,此时测得孔隙水压力高达 20kPa。当注水停止后,打开排泥口,孔压迅速降低为 0,同时,产生了 18kPa 的真空负压,测得有 6kg 的黏性土从排泥管排出。

b. 之后关闭排泥管,将土槽两侧的供水水箱连接到岩溶管道上,使得两侧水箱的水位保持平衡。此时,孔隙水位上升至最高点(0cm 处孔隙水位为 7.2kPa),当打开排水管道时,孔隙水位下降至 5.6kPa,通过 U 形压力计测得岩溶管道产生了 1kPa 的真空负压,同时排泥管分 8 次排出了 3.2kg 的黏性土体,土洞不断向上发展,土体的破坏具有累进性破坏特征。在进行排泥的过程中,发现在相同的岩溶水位作用下,产生的真空负压越来越小,说明上覆土体内部已经产生微小的水力裂隙,土体的气密性开始减弱,并且土体中的孔隙水压力值减小幅度在不断增大,说明土体的渗流作用在不断加强。

3)试验现象分析

模型试验结束后,通过对塌陷土体进行挖掘,发现在模型箱左侧,离土体表面约50cm处,出现一条渗流通道,左侧水箱中的水顺着这条孔隙通道,向岩溶管道倾泄(图3-21),裂隙越来越宽。取渗流通道及土洞周围的土样进行颗粒分析试验(密度计法)和直接剪切试验(图3-22、图3-23),结果分析如下:

方位①处的黏性土样土体完整性较好,在地下水的水动力条件下并未发生明显的破坏,所以通过剪切试验可得其抗剪强度为 $c=22.3\mathrm{kPa}$、$\varphi=27.7°$,力学性质未受到明显的破坏,同时通过密度计试验测得试验前土样的颗粒含量和试验后土样的颗粒含量,发现各组分含量基本持平,未发生比较大的变化。

方位②处的黏性土样,在地下水作用下,土体含水率高达35%,土体的细颗粒被渗流潜蚀带走,细颗粒组分有了较大的减少,土的抗剪强度为 $c=22.0$、$\varphi=15.1$。

方位③、④处的黏性土样的结构受到比较大的破坏,细颗粒含量进一步减少,而且在高含水率、高孔隙率等因素影响下,土体的抗剪强度也进一步减小。

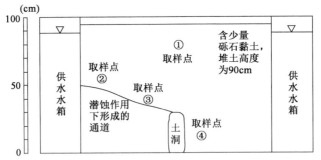

图 3-21 模型试验塌陷示意图

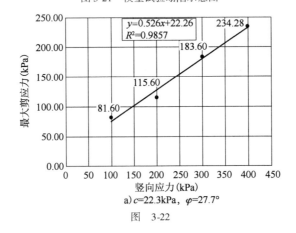

a) $c=22.3\mathrm{kPa}$,$\varphi=27.7°$

图 3-22

第 3 章　岩溶土洞塌陷机理及塌陷演化过程

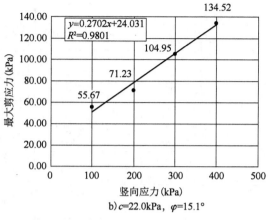

b) $c=22.0\text{kPa}, \varphi=15.1°$

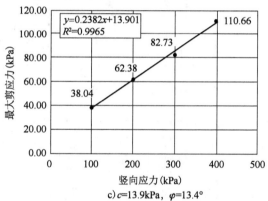

c) $c=13.9\text{kPa}, \varphi=13.4°$

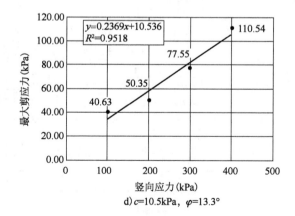

d) $c=10.5\text{kPa}, \varphi=13.3°$

图 3-22　土体抗剪强度

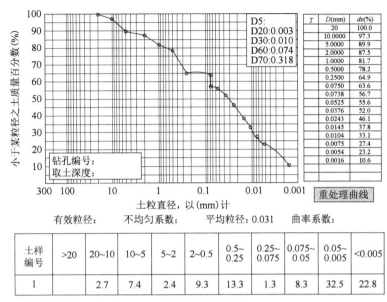

a) 试验前黏土颗粒含量

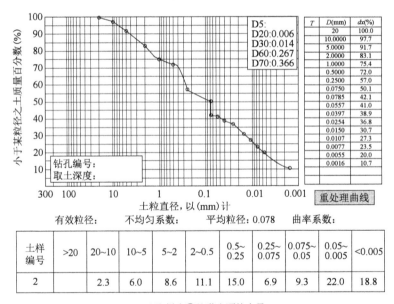

b) 取样点①处黏土颗粒含量

图 3-23

第3章 岩溶土洞塌陷机理及塌陷演化过程

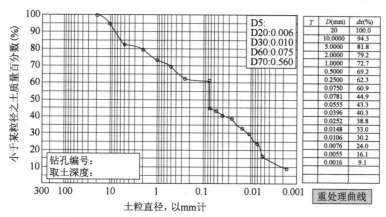

有效粒径：0.002　不均匀系数：37.50　平均粒径：0.076　曲率系数：0.67

土样编号	>20	20~10	10~5	5~2	2~0.5	0.5~0.25	0.25~0.075	0.075~0.05	0.05~0.005	<0.005
5		5.7	12.5	2.6	10.0	6.9	1.4	18.3	27.1	15.5

c) 取样点②处黏土颗粒含量

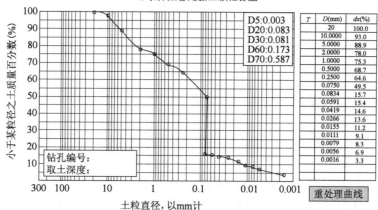

有效粒径：0.013　不均匀系数：13.31　平均粒径：0.078　曲率系数：2.92

土样编号	>20	20~10	10~5	5~2	2~0.5	0.5~0.25	0.25~0.075	0.075~0.05	0.05~0.005	<0.005
4		2.0	9.1	10.9	9.3	4.1	15.1	34.6	8.4	6.5

d) 取样点③处黏土颗粒含量

图 3-23

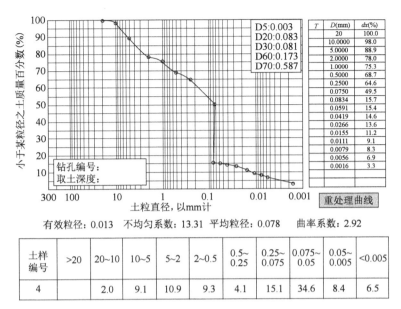

e) 取样点④处黏土颗粒含量

图 3-23 黏土颗粒含量变化

由此可知,地下水动力条件的变化对渗流通道和土洞周围的黏性土体产生了比较大的影响,在物理指标上主要表现为细颗粒被渗流潜蚀带走,在力学指标上直接表现为抗剪强度的不断降低。

3.2 岩溶塌陷物理模型试验

基于现有研究,比较公认的岩溶塌陷影响因素包括:地下水位波动、上部荷载、降雨、盖层厚度等。但岩溶塌陷并非单一作用下导致,而是各种因素共同作用,并且各因素变动中所产生的致塌力类型都有所不同。如在地下水位快速波动工况下:①土体软化崩解,内部的抗剪强度减弱;②水位下降导致浮托力减小,整体抗塌力减弱;③水位快速下降产生的真空负压,致塌力增大;④水位下降导致土体内部水力坡度增大,向下的渗透力增加。因此,岩溶塌陷是在多种因素共同作用下产生,机理和模式较为复杂。目前已有相关的岩溶物理模型试验,但各个地区的覆盖层物理力学性质不同,且大多属于定性分析,针对福建省闽西南地的定量分析较少。因此,根据已有的岩溶塌陷相关理论和模型试验相似理论,利用室内模型箱和监测仪器,开展水位波动和上部荷载作用下的试验研究。

本试验的目的是通过对覆盖型岩溶塌陷模型施加水位循环波动和上部荷载

作用,并利用监测系统对模型不同位置、不同深度的土体孔隙水压力、土压力和沉降位移进行实时监测,研究模型在不同因素作用下的塌陷模式及临界值,以期为岩溶塌陷地质灾害预警预报工作提供参考。

3.2.1 试验模型及仪器介绍

该试验模型与上文 3.1.4 一致,这里不再赘述。主要的监测仪器及采集系统有:沉降计、孔隙水压力计、土压力计、数据采集系统等,下面分别对这些仪器进行详细介绍。

(1)沉降计

试验中采用的是湖南湘银河传感科技有限公司生产的 YH-02A 单点沉降计[图 3-24a)],由位移计本体、大小法兰盘、测杆、防冻注油套管(本体保护管)、加长测杆、调节螺杆等部件组成。小法兰盘设置在相对不动点(基岩或浇灌混凝土内部),大法兰盘设置在监测孔口处,导线从侧面引出。当地基下沉或上升时,大法兰盘与地基同步下沉或上升,磁体在其磁通感应线圈内发生相对滑移,通过自动采集模块测出位移量,达到监测沉降的目的。

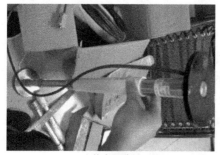
a)单点沉降计

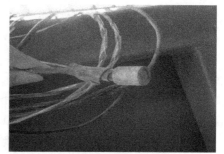
b)孔隙水压力计

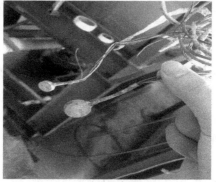
c)土压力计

图 3-24 监测仪器实物图

(2)孔隙水压力计

孔隙水压力计采用上海邑成测试设备有限公司的产品,型号为 LCSY-BWMK[图 3-24b)]。该仪器由透水石、水压力计等部件组成,量程 0.1MPa,分辨率可达 0.5kPa,精度 ±0.5%F·S,外形尺寸直径 12.5mm,厚度 12mm,用于测量不同土层内的孔隙水压力变化。其特点是体积小,灵敏度高,动静态工作性能稳定,适用于各种不同地质层面,可用于进行长期自动化监测。

(3)土压力计

土压力计采用上海邑成测试设备有限公司的产品,型号为 LCSY-BWM[图 3-24c)]。该仪器由受压膜和应变片等部件组成,主要用于测量土层内的土压力变化,可用于进行长期自动化监测。当被测结构物内土应力发生变化时,土压力计感应板同步感受应力的变化,感应板将会产生变形,变形传递给振弦,从而改变振弦的振动频率。电磁线圈激励振弦并测量其振动频率,频率信号经电缆传输至读数装置,即可测出被测结构的压应力值。

该土压力计量程 0.5MPa,分辨率可达 2.5kPa,精度 ±0.5%F·S,外形尺寸直径 20mm,厚度 2mm,是具有较高精度的接触应力传感器。其主要特点是体积小、灵敏度高、防水防潮、工作性能稳定。

(4)数据采集系统

数据采集监测系统立足于 Windows 平台。各个监测件并入系统前,都应先与传感器相连接,传感器如图 3-25a)所示,采用直接连接计算机进行自动化采集。在正确设置好串行口参数后,需要设置数据记录文件,同时应将传感器编号及命名等信息录入系统并保存[图 3-25b)]。根据试验需要,自动设置采集数据的时间间隔。数据采集箱下方有三个接口,分别为监测设备接口、电源接口以及电脑传输线接口。在连接之前,应先用读数仪检测各监测原件读数是否正常,检测无误后,再将各监测元件与监测设备接口连接,在连接的过程中,必须确保各个监测元件接头处的六芯或四芯正确对接。在正确连接好接口后,打开数据采集软件进行数据记录文件的设置,将各传感器进行编号保存。监测过程中,若监测时间较长,传感器数量较多,须定期地读取和保存数据文件,并清除部分记录文件,以避免因数据采集量过大导致数据采集出现问题,确保监测顺利进行。若发现在数据采集过程中数据读取错误,应先关闭系统电源,重新开启后,待数据采集箱内红灯开始闪烁后才能进行数据采集。

孔隙水压力计和土压力计静态数据采集系统采用 uT7110 型静态应变采集系统。该系统由主控模块、电源箱和静态应变仪组成。由于孔隙水压力计和土压力计较多,采用 3 台静态应变仪串联使用,用 USB 接口与计算机连接进行自动化测量和数据采集。孔隙水压力计和土压力计与应变仪连接完成后需对软件进行设置,如图 3-26 所示,设置参数包括通道类型、桥接形式、校正因子和单位等。设置完成后进行平衡调零,设置采样间隔后开始采集。

a) 传感器

b) 信息录入与保存系统

图 3-25 自动化数据传输和采集系统示意图

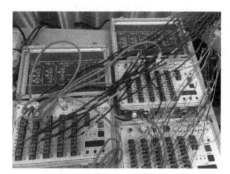

a) 采集系统

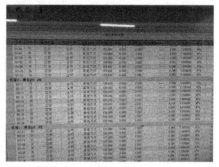

b) 采集软件

图 3-26 自动化数据传输和采集系统示意图

3.2.2 试验准备

1) 试验土体制备

选取研究区内一处在建工地,取土深度在 5.9m 以下,共采取 $8m^3$ 含碎石粉质黏土作为试验用土(图 3-27)。土体颜色呈褐黄色、褐色,饱和,可塑-硬塑。主要以黏粉粒为主,碎石含量 25.3% ~32.0%(土工试验),组分不均匀,局部含漂石、角砾、碎石,岩性主要为硅质岩及砂岩,呈强-中风化状态;漂石岩性为石英岩,呈中风化状态。光泽反应稍有光泽,无摇振反应,干强度中等,韧性中等。

图 3-27 取土与安置

2）试验模型填筑

通过控制试验土体干密度的方法保证试验土体和原位土体物理性质相似，具体制作过程如下：

（1）岩溶覆盖层模型分层填筑，每层经过夯实后的高度为 10cm。在模型箱侧面的钢化玻璃上用粉笔标出每层位置，并根据模型箱尺寸和土体天然密度与天然含水率，预先估计每层所需土量。

（2）由于取土前场地下雨导致土体含水率较高，将土体取回后放置在平地上进行晒干，下雨时用彩条布进行密封，避免下雨影响含水率大小，并在模型填筑之前，用便携式土壤水分测定仪测定土体含水率。若含水率偏小，则加水搅拌至所需含水率；若含水率偏大，则将土体铺平晾晒，直至满足试验要求。

（3）开始填筑之前，先用可拆卸的铁管套筒从岩溶管道下部堵住岩溶开口，以避免在填筑时洞口附近发生土体掉落。

（4）每次分层填筑时，先将土体装入土桶中，记录每次填入的土体重量。一边倒入土体一边先稍微压实，避免当土量较多时难以压实。达到每层预先估计的土量后，将土体均匀铺平，然后夯实至预定高度。夯实过程中，使用橡皮锤击实或用木板进行支挡，可以使压实效果较均匀，以避免土体在夯实过程中变形。击实时，根据木块长度分左、中、右依次进行敲击，然后往返 6 次。

（5）每分层夯实完成后，用环刀取样进行密度测定，并利用便携式土壤水分仪测定夯实土层含水率，若测得含水率太低，则可洒水补充至所需含水率范围；若测得的密度太低，则可进一步夯实至所需密度。每层夯实完成后，需将土体表面刮花打毛，使得与下一层土体之间有良好的衔接，避免明显分层。

（6）监测仪器埋设并调试完毕后再次休整坡面，并整理监测仪器线路，保证接头处可防水、防潮；监测仪器的连接线需要弯曲盘绕，以避免由于塌陷导致断线。

(7)岩溶模型制作完成后用彩条布覆盖,静置48h,使模型内土体水分分布均匀。

模型填筑过程及上部加载系统如图3-28所示。

图3-28 模型填筑过程及上部加载系统

3)监测仪器埋设方案

由于试验有两种不同的工况,采取两种不用的监测仪器埋设方案,以最大限度减小仪器尺寸效应影响,同时兼顾测得土体内部各位置的数据。

(1)岩溶水位波动工况(工况1)

填筑高度90cm,共埋设沉降计4支、孔隙水压力计12支和土压力计12支。沉降计按照距离塌陷中心不同距离布设,距离分别为15cm、25cm、40cm和55cm。孔隙水压力计和土压力计分层埋设,分3层,分别在深度90cm、60cm和30cm处。每层布设孔隙水压力计和土压力计各4支。按照距离塌陷中心不同距离布设,距离分别为14cm、22cm、36cm和50cm,具体见图3-29。

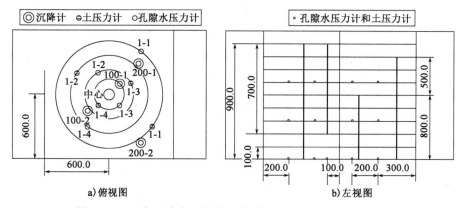

图3-29 土压计、孔隙水压力计与沉降计埋设位置图(尺寸单位:mm)

（2）上部静荷载工况（工况2）

填筑高度45cm，共埋设沉降计4支、孔隙水压力计10支和土压力计9支。沉降计布置方法与工况1相同。土压力计分层埋设，分3层，分别在深度45cm、35cm和25cm处；每层布设土压力计各3支，按照与塌陷中心不同距离布设，距离分别为14cm、28cm、42cm。孔隙水压力计分层埋设，分5层，分别在深度45cm、35cm、25cm、15cm、5cm处；每层布设孔隙水压力计各2支，按照与塌陷中心不同距离布设，距离分别为14cm、48cm。布设情况具体见图3-30。

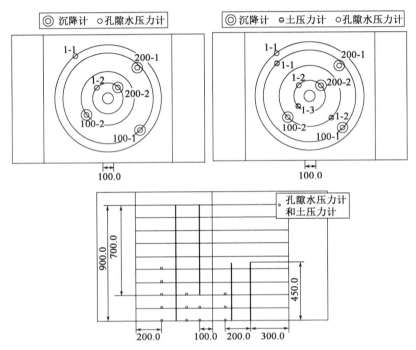

图3-30　土压力计、孔隙水压力计与沉降计埋设位置图（尺寸单位：mm）

4）试验方案与步骤

水位波动试验基本程序如下：

（1）打开监测仪器，采集数据。调整两侧的水箱高度，打开水泵进水，等待箱体内水位达到设计高度并保持一段时间，使土体内部的水位均匀分布。

（2）打开底部岩溶水进水阀门，使通道和空腔内部充满水。

（3）关闭岩溶水进水阀门，打开底部排泥口排出泥水混合物，称量掉落的水、土的重量，清理空腔内部残余土块。关闭排泥口。

（4）每1~2h重复步骤（2）（3），直到土体完全塌陷至地面。

上部静荷载试验基本程序如下：

（1）打开监测仪器，采集数据。

（2）摇动千斤顶施加荷载，观察并注意保持荷载大小稳定，每5min记录底板位移量。

（3）每30min重复步骤（2），并增加荷载，直到荷载底板位移超过最大位移量或达到预定最大荷载（表3-4）。

上部静荷载室内模型试验方案表　　　　　表3-4

堆置方案	间隔时间 （min）	加载量 （kg）	总重量 （kg）	总压力 （kPa）	试验编号
第一次加载	30	150	150	16.3	T1
第二次加载	30	50	200	21.8	T2
第三次加载	30	50	250	27.2	T3
第四次加载	60	50	300	32.7	T4
第五次加载	60	100	400	43.6	T5
第六次加载	60	100	500	54.4	T6
第七次加载	60	100	600	65.3	T7

3.2.3 小结

本节基于研究区工程地质条件，以龙岩市永定县樟坑村岩溶塌陷为原型，设计制作岩溶塌陷物理模型试验。根据研究区实际情况，设计制作了模型箱及其给排水系统，用以模拟不同条件下的致塌模式。为了得到岩溶塌陷过程中覆盖层的变形量和受力情况，采用了孔隙水压力计、土压力计和沉降计，并安装了配套的数据采集系统。从研究区采取原位土体并进行填筑，详细介绍了监测仪器的布设方案、试验方案和步骤以及模型填筑时需要注意的细节。

3.3 基于土拱理论的岩溶土洞塌陷模型试验

对研究区岩溶塌陷机理的研究，前文主要考虑了水位波动及上覆荷载工况，尚未涉及降雨工况。而研究区的地理位置及气候气象条件决定了降雨是该地区岩溶塌陷形成的一个不容忽视的因素。降雨在岩溶致塌过程中的影响表现在以下几个方面：①水对土体的软化崩解作用，研究区覆盖层主要为含角砾粉质黏土，粉质黏土遇水易软化崩解，角砾的存在加剧了该作用；②入渗水流的渗流力及冲刷作用，流动产生的渗流力作为外作用力施加于土体颗粒，并不断冲刷带走最下部的土体颗粒。因此，本节将降雨作为土洞塌陷的致塌作用，基于土拱理论，研究岩溶土洞在不同尺寸初始空洞及不同覆盖层厚度条件下的塌陷演化过程。

3.3.1 试验模型箱

模型箱的主体部分尺寸为(长)0.6m×(宽)0.6m×(高)0.65m,加上底部脚架部分高度为1.10m(图3-31)。模型箱先使用厚度2cm的有机玻璃板定制成5面透明的箱体(上部留空),然后用角钢焊接外部框架。在箱体底部留有一个直径15cm的圆形空洞,同时制作一个直径15cm、厚度2cm的饼状有机玻璃体,用于试验过程中空洞的填堵[图3-31b)]。另外,根据试验需要,分别制作4块厚度3mm的0.55m×0.55m透明有机玻璃板,有机玻璃板的中心分别留直径为5cm、8cm、10cm和12cm的圆洞[图3-31c)]。

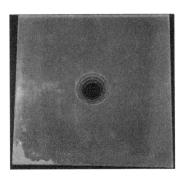

a) 模型箱侧视图　　b) 模型箱俯视图　　c) 有机玻璃板

图 3-31　试验模型装置图

3.3.2 试验监测器件

1) FBG 光纤光栅串

采用苏州南智传感科技有限公司生产的 FBG 光纤光栅串(图3-32),用于监测试验过程中土体的应变。根据本次试验需要,分别定制不同栅距的光栅串。每根光栅串上包含5个光栅点,栅距分别为2.5cm、4cm、5cm、6cm、7.5cm和10cm。光栅中心波长范围为1510~1590nm,最高能承受4000~5000个微应变。

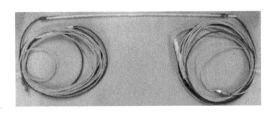

图 3-32　FBG 光纤光栅串

2) 微型土压力计

采用上海邑成测试设备有限公司的 LCTY 型箔式微型土压力计(图3-33),最大量程20kPa,分辨率可达0.1kPa,精度±0.5%F·S,外形尺寸直径16mm,厚度4.2mm。该仪器为接触应力传感器,由盒型压力头和导线组成,压力头内部为应变片,外部包裹受压膜,可用于测量土体内部的土压力变化。

图 3-33　微型土压力计

3) 柜式光纤光栅解调仪

选用苏州南智传感科技有限公司生产的16通道NZS-FBG-A01(C)型号的柜式光纤光栅解调仪,主要由16个光栅传感器接入通道组成(图3-34)。使用时,先将解调仪接入电源,然后将传感器接入工作通道,按下电源开关,工作指示灯闪烁,表明解调仪已可以开始工作。该解调仪内置有快速可调谐激光光源模块,用于通过改变可调谐光源输出波长来计算出FBG传感器的波长。FBG光纤光栅解调仪可实现多通道长时间的监测,其性能技术参数见表3-5。

图 3-34　柜式光纤光栅解调仪

FBG 光纤光栅解调仪参数　　　　　表 3-5

参数类型	通道数	波长范围 (nm)	波长分辨率 (pm)	重复性 (pm)	解调速率 (Hz)	动态范围 (dB)	通道最大 FBG 数
数值	16	1510~1590	1	±3	≥1	35	30

3.3.3　人工降雨系统

本次试验选用南京南林电子科技有限公司生产的人工模拟降雨自动控制系统(图3-35),该套系统包括:降雨设备、控制系统、动力系统、蓄水桶和相应的管路。降雨设备由高5m的支架和6组喷头组成,每组喷头分为小、中、大三个规格。控制系统是整套系统的中枢,由总开关、开始/停止按钮、雨强控制按钮、时间显示屏等组成,总开关控制系统的供水,开始/停止按钮控制降雨开始或结束,雨强控制按钮分为小雨、中雨、大雨 3 种。动力系统主要连接蓄水桶与降雨设备,提供降雨设备工作时需要的压力,其包括一个可以调节的压力开关、压力显示表及相应管路的连接口。蓄水桶主要用于长时间降雨时所需的水量要求。该套降雨设备的有效降雨面积为 3m×4m,通过选择不同的雨强控制按钮调节动力系统压力,从而进行不同强度的降雨,雨强的变化范围在 15~150mm/h,调节精度约为 7mm/h,可进行长时间连续降雨。

a) 降雨设备

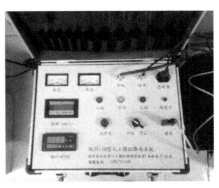

b) 控制系统

c) 动力系统

d) 蓄水桶

图 3-35 人工降雨系统

3.3.4 试验方案

岩溶土洞塌陷演化是一个不断发展变化的过程,从土洞形成到地表塌陷形成塌陷坑需要经历一定的时间,演化时间的长短除了与致塌外力有关,覆盖层自身的性质也起到一定的作用,因此,在将试验降雨强度设计为15mm/h的基础上,同时考虑初始土洞尺寸和覆盖层厚度的影响,设计的试验方案如表3-6所示。

试验方案设计表　　　　　　　　　　表3-6

编号	底部空洞直径(cm)	覆盖层厚度(cm)	监测器件	
			土压力计(只)	光纤光栅串(根)
1-A	5	5	2	1
1-B		10	2	1
1-C		15	4	1
1-D		20	4	1
2-A	8	8	2	1
2-B		16	2	1
2-C		24	4	1
2-D		32	4	1
3-A	10	10	2	1
3-B		20	4	1
3-C		30	4	1
3-D		40	4	1
4-A	12	12	2	1
4-B		24	4	1
4-C		36	4	1
4-D		48	4	1
5-A	15	15	2	1
5-B		30	4	1
5-C		45	4	1
5-D		60	4	1

3.3.5　试验步骤

1) 土体准备

试验用土取自研究区域范围内某处在建工地的含角砾粉质黏土,土体颜色呈褐黄色、褐色、饱和、可塑-硬塑。主要以黏粒为主,角砾碎石含量在25%左右,组分不均匀,局部含角砾、碎石,光泽反应稍有光泽,无摇振反应,干强度中等,韧性中等。土体的基本物理力学性质参数如表3-7所示。

土体物理力学性质参数表 表3-7

土层名称	天然重度 γ (kN/m³)	含水率 w (%)	黏聚力 c (kPa)	内摩擦角 φ (°)	孔隙比 e
含角砾粉质黏土	18.5	27.5	20.6	19.6	0.819

2)监测器件埋设

在开始填筑试验模型之前,首先将各监测器件与数据采集仪器连接好,并联入计算机的数据收集系统,设置好相关的收集参数(如校正因子、采集间隔等),处于待采集状态。当要埋置采集器件时,开启系统开始数据采集。每次试验最底部一层传感器埋置在模型箱体底部,其余根据试验土层厚度调整。每层的试验监测器件包括1根光纤和2个土压力计,光纤位于模型箱体底部中心处,土压力计分别埋置在模型箱底部空洞中心和边缘处,如图3-36所示(以初始空洞直径10cm,覆盖层厚度20cm为例进行说明)。

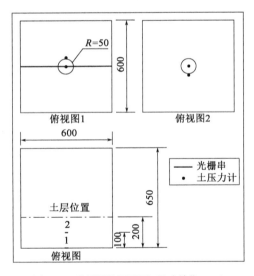

图3-36 监测器件埋设图(尺寸单位:mm)

3)试验过程

整个模型填筑完成并静置48h后(应力调整)开始试验,具体过程如下:

(1)通过数据采集系统调整采样时间,加密采集样点。

(2) 开启降雨设备,降雨强度设置为小雨,同时将动力系统压力调至 0.1MPa,完成后按下开始按钮进行降雨。降雨贯穿整个试验过程,时间随试验条件而定。

(3) 根据覆盖层厚度不同,在土体完全湿润之前(湿润锋即将达到试验箱底部),拆除底部用于填堵的饼状有机玻璃体(模拟岩溶空洞的形成)。

(4) 在试验过程中,记录初始土体塌陷的时间及重量,以后每隔 30min 记录一次塌陷土体的质量并拍照,直至土体完全塌陷。

(5) 当塌陷发展至土体表面时,通过拍照记录表面土洞的扩展过程。

(6) 清除一半的试验土体,形成一个剖面,用以观察塌陷土洞的形状并拍照记录。

(7) 参照以上过程,完成设计的 20 组试验,获取试验数据。

3.3.6 岩溶土洞塌陷的土拱效应

1) 土体应变分析

在设计好的 5 种不同直径空洞条件下,分别进行了覆盖层厚度为 1、2、3 和 4 倍空洞直径的试验。沿模型箱底部中心水平方向埋设光栅串一根,其上分布 5 个光纤监测点,各点之间的距离根据底部空洞直径确定。例如,底部空洞直径为 5cm 时,光纤点相互之间的距离为 2.5cm,即 5 个监测点分别在空洞中心处、边缘处(2 个)和距离空洞中心 1 倍空洞直径处(2 个),其余空洞直径条件下以此类推。该光栅串主要用于监测在塌陷初始阶段的底部土体的变形情况。监测结果如图 3-37 所示。

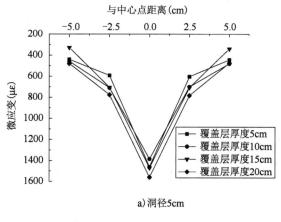

图 3-37

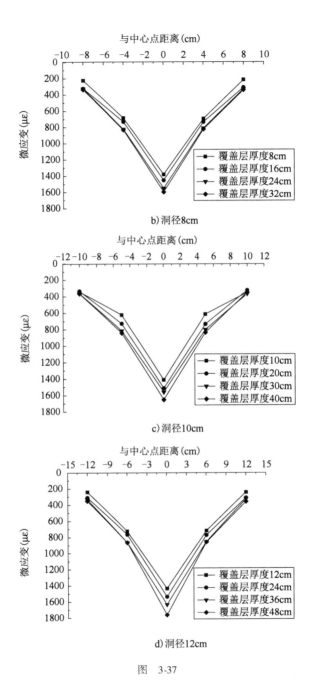

图 3-37

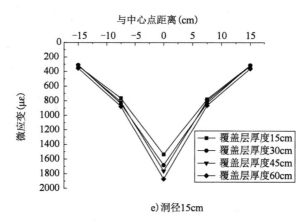

e) 洞径15cm

图 3-37 不同开口洞径条件下的土体应变情况

根据图中所展示的土体应变情况可以发现,在进行的 20 组试验中,底部土体应变在塌陷过程中表现出一定的一致性:空洞中心处的土体应变最大,空洞边缘处次之,再远处(距离空洞中心 1 倍空洞直径处)最小。同时,随着覆盖层厚度的增加,各点的应变值也随之有所增加。在所进行的 20 组试验中,最大的应变出现在空洞直径 15cm、覆盖层厚度 60cm 的中心点处,其值约为 $2000\mu\varepsilon$。从试验过程中所观察到的现象来看,底部空洞中心处首先开始塌陷,该处的土体最早有应变响应,下部土体的塌落使上部土体失去依托而发生向下的位移,土体应变迅速增大。随着土体不断塌落,塌陷发展至空洞边缘,该处的光纤点开始响应,但其应变相较于中心处较小,而远端的两个监测点位于塌陷区之外,其应变大部分是堆土过程中形成的,小部分是由于前期降雨增加土体重力而造成。显然,应变值随着远离中心点而变小,则会使土体在塌落前存在应变差,进而反映为土体之间存在位移差。

太沙基关于土拱效应产生的条件描述为:①土体之间产生不均匀位移或相对位移;②作为支撑的拱脚的存在。从上述对土体应变的分析来看,明显土体塌落过程已满足第一条件,而第二条件也是满足的。原因在于底部空洞提供了一个开放的空间,土体可自由塌落,而空洞边缘及其以外是固定不变的,边缘处一定范围内的箱体和土体可提供支撑以作为拱脚。由此,可以确定在土体塌陷过程中存在土拱效应。

2)土压力分析

为了进一步研究土洞塌陷过程中土体中的土拱效应,将土压力作为本次试验的另一个监测变量,按照预先的试验设计思路,埋设 2 只土压力计在模型底部,位置分别在空洞中心处和边缘处,用于监测试验过程中土压力的变化情况,以期通过对土压力变化的分析来更好地认识岩溶土洞塌陷土体中土拱效应的情况。试验结果如图 3-38 所示。

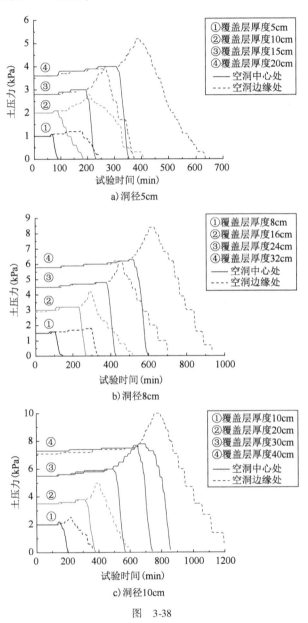

图 3-38

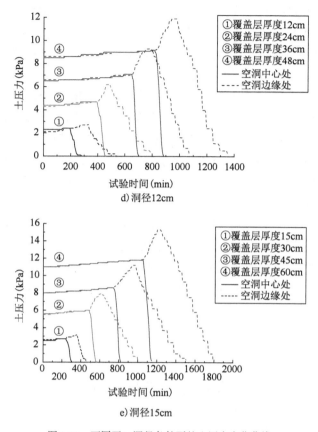

图 3-38　不同开口洞径条件下的土压力变化曲线

可以发现在各组试验过程中,共同点在于:2 只土压力计测得的土压力在起始阶段均会有小幅度的上升,而后位于空洞中心处的土压力计测得的土压力值率先出现下降,并迅速降至基本为零的状态;与此同时,位于空洞边缘处的土压力计测得的土压力则呈现不断上升的趋势,达到某一最大值之后,出现下降趋势,但下降速度比空洞中心处的土压力值要缓,且呈现出一定的阶段性。但对于 1 倍空洞直径的覆盖层厚度条件下的 5 次试验与其余 3 种覆盖层厚度条件下有所不同:虽然前期土压力也有一定的增长,但土体塌陷开始后,中心处的土压力迅速下降,而边缘处的土压力虽然也有一定的增长,但持续时间较短,在很短的时间内就降至零状态。由此可判定,在土体塌陷初期,底部土体中确实存在土拱效应。

上述试验现象的原因在于:在起始阶段,由于降雨作用使土体湿润,会增加土体重力,相应的土压力值会有一定的上升,但由于雨量小、时间短,故土压力上升值不大。随着降雨的持续,底部中心处的土体最早出现塌落,土压力计由于失去原有底部土体的支持作用,土压力值开始降低;当土压力计由于土体不断塌落而完全暴露时,其值基本降至零状态。而底部土体开始塌陷则意味着土洞的形成,即土拱开始出现,边缘处的土压力计在已受到上覆土层重力的同时,土拱拱脚作用力亦作用于其上,使得边缘处的土压力值开始增加,当底部初始土洞完全形成时,土拱作用也达到最大,土压力出现最大值。其后,拱顶土体在重力和渗流力的作用下发生破坏,即土拱结构出现破坏,土拱效应逐渐消失,拱脚土压力也相应减小。同时,由于渗流的冲刷作用,在试验过程中,土洞洞壁土体逐渐流失,边缘处的土压力计逐渐暴露,也是土压力不断减小的一个原因。

3)土拱效应分析

前两节分别对土洞塌陷过程中初始空洞附近的土体应变和土压力进行了监测分析,进一步明确了在岩溶土洞塌陷过程中土体中土拱效应的存在。因此,为了对岩溶土洞塌陷过程中土拱效应有更明确的意义,现提出土拱效应系数 i 这一概念,其定义为:土压力增加值与初始土压力的比值,可表示为:

$$i = \frac{\Delta \sigma}{\sigma_0} = \frac{\sigma_{\max} - \sigma_0}{\sigma_0}$$

式中:i——土拱效应系数,无量纲;

σ_0——初始土压力,即塌陷开始前的土压力(kPa);

$\Delta \sigma$——土压力增加值(kPa);

$\sigma_{\max}$——塌陷过程中的最大土压力(kPa)。

从上一节可以看到,在底部中心处的土压力开始下降的同时,边缘处的土压力则开始上升,当边缘处的土压力达到最大值时,底部土体一定范围内形成土洞,土拱效应完全得到呈现。同时,本书按照既定方案实施了多组试验,下文将对不同条件下的土拱效应系数进行分析研究。

按照已有试验方案,初始底部空洞尺寸分别为 5cm、8cm、10cm、12cm 和 15cm,各条件下的土拱效应系数如表3-8所示。从表中可以看到,在不同的直径空洞条件下,土拱效应系数的变化基本一致:在 1 倍洞径条件下,土拱效应系数均较低,约为 20%;当覆盖层达到 2 倍洞径以上后,土拱效应系数基本维持在 30% 左右。其原因在于:1 倍洞径的覆盖层厚度相对较薄,当土体塌陷时,土洞很快发展至地表,土拱效应在此过程中无法完全发挥,故而数值较小;而当覆盖层的厚度达到 2 倍洞径甚至更厚时,土体在塌陷过程中可以形成完整的拱形土洞,土拱效应得以完全体现,相应的土拱系数也就比前者要大。

不同洞径下土拱效应系数　　　　　　　　　　表 3-8

洞径 (cm)	覆盖层厚度			
	1 倍洞径	2 倍洞径	3 倍洞径	4 倍洞径
5	18.2	33.3	30.0	30.0
8	18.8	31.3	29.2	33.3
10	18.2	31.6	30.0	29.9
12	20.8	31.9	31.0	29.3
15	18.5	31.7	30.2	29.7

3.4 基于土拱效应的岩溶土洞塌陷过程分析

3.4.1 覆盖层土压力分析

埋设于底部的 2 只土压力计主要是为了验证土洞塌陷过程中土拱效应的存在，并且仅仅只能监测到塌陷初期的土压力变化情况。随着塌陷的不断发展，土压力计逐渐暴露，不能够继续监测土压力的变化。因此，为了对土洞塌陷过程有更全面的认识，根据覆盖层厚度的不同，在部分试验中（表 3-6），增设一层（2只）土压力计监测土压力变化情况，其中，一只位于空洞中心处上方，另一只在同一水平位置上离中心处距离随覆盖层厚度不同而调整，2 只土压力计竖直方向上与模型底部距离为覆盖层厚度的一半。监测的结果如图 3-39 所示。

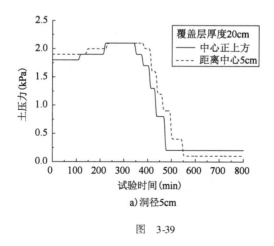

a) 洞径5cm

图 3-39

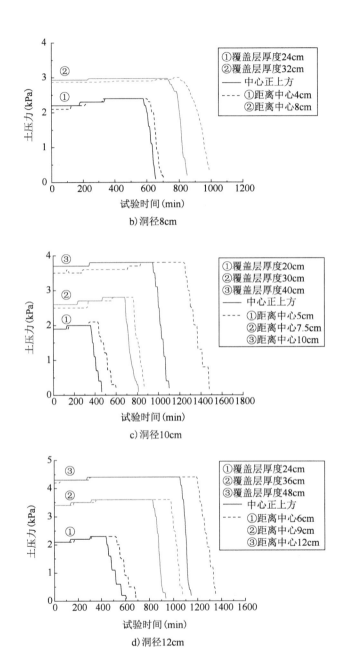

图 3-39

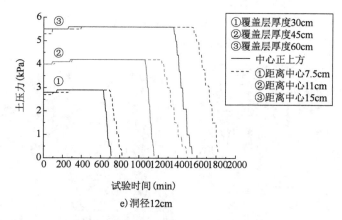

e) 洞径12cm

图3-39 不同开口洞径下覆盖层土压力变化曲线

从图中可以看到,相较于底层土压力变化,覆盖层的土压力变化相对单一,在试验开始初期,由于降雨润湿作用,土压力会有一定的增大,但幅度很小,仅0.1~0.2kPa。随后,中心处的土压力值首先出现下降趋势,在较短的时间内即变为零状态,而另一只土压力计监测到的土压力值则先保持一段时间,而后同样出现下降的趋势,最终也基本变为零状态。同时,2只土压力计的监测值下降均呈现一定的阶段性,即土压力突然出现一定下降,然后保持一定时间,而后再继续下降,循环往复,直至降为零状态,而间隔时间后者大于前者。

上述情况产生的原因可以解释为:与底部土压力的增加类似,试验初期由于降雨作用,雨水持续下渗使土体重度增加,土压力值也相应增加,但埋置深度相对较浅,所以增加量比底部土压力要小。至于土压力值出现先后下降,则是土洞不断塌陷的结果。底部土洞形成后,洞顶及洞壁土体在重力和下渗雨水的作用下不断塌陷,土洞向上部及纵深发展,而向上发展的速度大于纵深发展速度,使得中心处的土体首先发生塌陷,土压力值不断降低,直至土压力计暴露,土压力值降为零状态。而纵深方向土体塌陷虽然迟于竖直方向,但土体塌陷仍然持续发生,故而另一只土压力计监测到的土压力值也会因为下部土体的塌落而减小。同时,土洞土体呈团块状间歇式塌陷,即某一时刻突然以一定体积量的土体向下塌陷,而后一定时间内不再塌陷,至某一时刻再次塌陷,如此循环,直至塌陷至地表。因此,土压力在一定程度上呈现出阶段性的降低变化。

3.4.2 土洞塌陷发展分析

上一小节通过对模型中部土压力的分析,对于土洞塌陷的过程有了基本的认识,但无法直观体现塌陷过程。因此,为了对土洞塌陷过程有更直观的认识,在试验过程中使用相机拍照记录不同时期的土体塌陷情况。下文以底部洞径12cm、覆盖层厚度36cm为例进行说明,如图3-40所示。

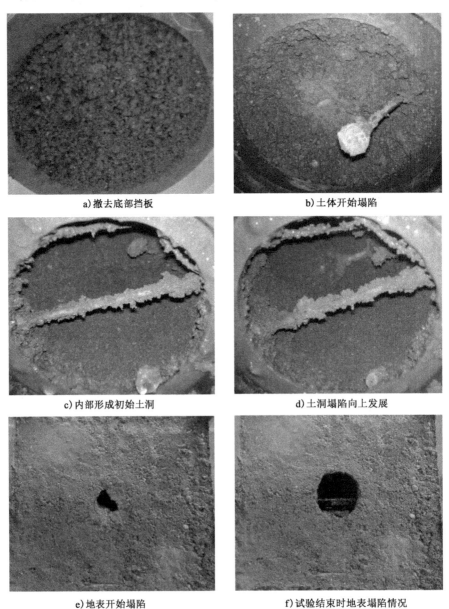

a) 撤去底部挡板　　　　　　　　b) 土体开始塌陷

c) 内部形成初始土洞　　　　　　d) 土洞塌陷向上发展

e) 地表开始塌陷　　　　　　　　f) 试验结束时地表塌陷情况

图3-40　土洞塌陷发展过程(底部洞径15m)

试验开始后,首先将底部挡板撤去以模拟岩溶空洞的形成[图 3-40a)]。空洞的形成意味着塌陷的开始,但由于试验所用的土体为含角砾粉质黏土,黏聚力较强,并且经过击实作用,所以撤去底板后,土体并不会立即发生塌落。随着雨水的不断下渗,湿润后的土体的黏聚强度会明显降低,底板范围内经过雨水湿润的土体在重力作用下开始向下塌落,形成的塌落面呈现为拱形,即中心处土体塌落深度大,向边缘处逐渐减小[图 3-40b)]。底部土体不断向下塌落,形成初始的塌陷土洞[图 3-40c)],可以发现此时土洞塌落面的形状依然是拱形的。随着试验进行,塌陷继续不断扩展[图 3-40d)],当塌陷发展到一定高度时,土洞拱顶已无法支撑土体的重力,即达到某一临界状态,开始出现地表塌陷[图 3-40e)]。地表出现塌陷后,其范围仍会扩大,试验结束时的塌陷情况如图 3-40f)所示。

通过以上分析,可以认为在土洞的塌陷过程中依然存在土拱效应,原因在于:模型中部的土压力值的变化情况反映出土体塌落是自中心处开始,逐渐扩展至周围土体,中心处塌陷深度必然大于边缘处,即土洞形成的塌落面是拱形的,而非平面的,这一现象也通过拍照记录得以证实。因此,此时在土体中尤其是塌落面位置依然存在土拱效应,只是此时土拱的拱脚已发生改变,不再位于底部,而是位于临近塌落面的周围土体中,只是在试验过程中比较难以通过监测手段捕捉。同时,结合 3.3 中底部土体在土洞塌陷过程中所呈现出的土拱效应,可以认为岩溶土洞的塌陷过程其实就是"形成塌陷土洞—土拱效应产生—土洞平衡状态—外界影响因素(本文主要为渗流作用)—土拱失效—土洞继续塌陷"这一循环过程,最终覆盖层厚度达到某一临界状态时,地面发生塌陷。

3.4.3 塌陷土洞形状分析

1)塌陷土洞剖面图

为了研究土洞塌陷至地表后内部土洞的形状,试验结束后,在清理模型中土体时,先清理掉一半土体,然后对土体剖面观察拍照,如图 3-41 所示(以空洞直径 10cm 的 4 个试验为例),同时使用刻度尺对土洞不同深度处的宽度进行测量并记录数据。

在底部洞径一定时,随着覆盖层厚度的增加,塌陷土洞的影响范围也相应增加,而土洞形状也由近似的圆柱状向中间大两头小纺锤状转变。同时,塌陷土洞的最大洞径也随着覆盖层厚度的增加而增大。其他洞径条件下的塌陷情况与此类似。为了更清晰地表示塌陷土洞的发展变化情况,根据试验获得的数据绘制出各试验条件下塌陷土洞的剖面图(图 3-42)。

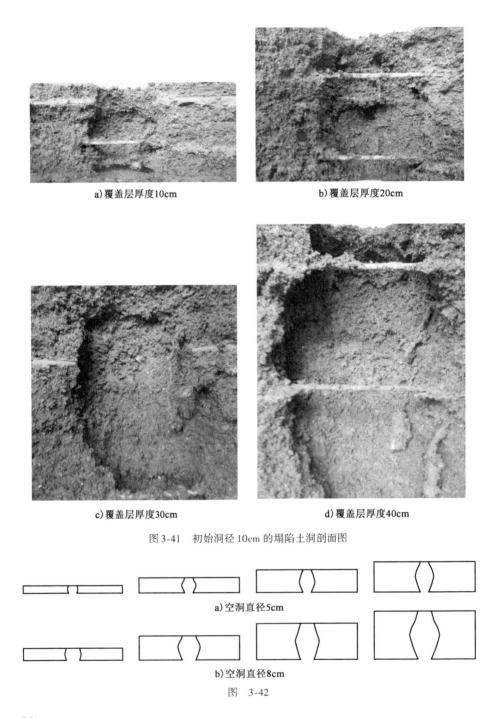

a) 覆盖层厚度10cm　　　　b) 覆盖层厚度20cm

c) 覆盖层厚度30cm　　　　d) 覆盖层厚度40cm

图 3-41　初始洞径 10cm 的塌陷土洞剖面图

a) 空洞直径5cm

b) 空洞直径8cm

图 3-42

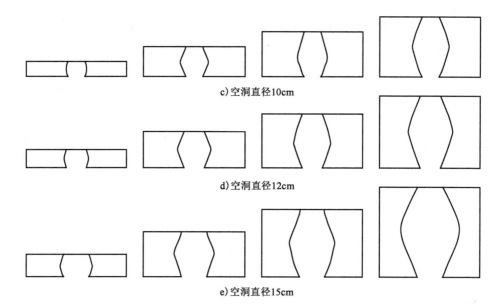

图 3-42 塌陷土洞剖面示意图

从图中可以看到,在 1 倍洞径的覆盖层厚度条件下,塌陷土洞的形状呈近似圆柱状,而当覆盖层厚度达到 2 倍洞径甚至更大时,塌陷土洞呈现为中间大两头小的纺锤状。同时,随着覆盖层厚度的增加,土洞的塌陷范围逐渐增大,土洞的最大洞径也随之增大。由此可以认为塌陷土洞的形状受底部洞径和覆盖层厚度的双重影响。当覆盖层厚度较薄时,土体塌落很快发展至地表,而纵深方向的土体塌落相对较少,形成的土洞基本为圆柱形;当覆盖层厚度增加后,土体塌落至地表的时间随之增加,则纵深方向的塌落尺度亦随之增大,但塌陷的总体趋势依然是竖直方向的速度大于纵深方向,因此土洞塌陷的形状呈现为纺锤状。限于本次试验的结束时间为塌陷发展至出现地表塌陷,因此对于塌陷土洞形状的讨论亦以此时间为界,对于地表最终的塌陷情况,这里不作研究。

2)土洞最大洞径与初始空洞直径和覆盖层厚度关系分析

对各试验条件下的塌陷土洞洞径最大值进行整理,如表 3-9 所示。

塌陷土洞的最大洞径统计表(单位:cm)　　　　表 3-9

初始洞径	覆盖层厚度			
	1 倍洞径	2 倍洞径	3 倍洞径	4 倍洞径
5	6	8	9	11
8	10	13	14.5	18

续上表

初始洞径	覆盖层厚度			
	1倍洞径	2倍洞径	3倍洞径	4倍洞径
10	12.5	16.5	18	22
12	15	19.5	22	26.5
15	19	23.5	27	33

利用 Origin 分别对不同条件下得到的塌陷土洞的最大洞径进行拟合优度 R^2 拟合分析,如图 3-43 所示。

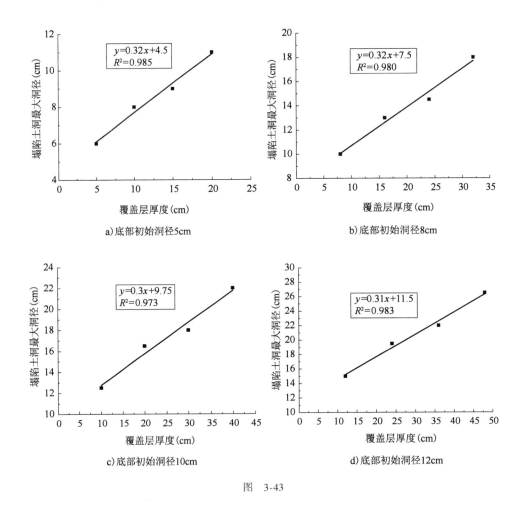

图 3-43

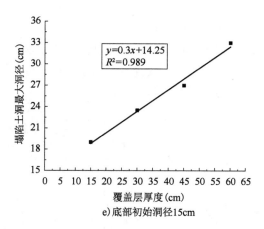

e) 底部初始洞径15cm

图 3-43 塌陷土洞最大洞径拟合分析

如图 3-43 所示，当初始洞径一定时，塌陷结束后形成的土洞最大洞径与覆盖层厚度成线性关系，且拟合优度非常好。同时，对比 5 种不同洞径情况下拟合方程的相关参数，5 个拟合方程的一次项系数非常接近，约为 0.3，而常数项的数值则与底部洞径有很大的相似性。因此，不妨假设塌陷土洞的最大洞径与覆盖层厚度和底部初始空洞直径之间的关系满足以下方程：

$$y = 0.3x + D \tag{3-1}$$

式中：y——塌陷土洞的最大洞径(cm)；

x——覆盖层厚度(cm)；

D——底部初始洞径(cm)。

为了验证方程的适用性，进行假设方程的拟合优度 R^2 分析，如表 3-10 所示。

方程拟合优度 R^2 分析　　　　表 3-10

初始洞径(cm)	拟合方程	拟合优度 R^2
5	$y = 0.3x + 5$	0.958
8	$y = 0.3x + 8$	0.971
10	$y = 0.3x + 10$	0.968
12	$y = 0.3x + 12$	0.983
15	$y = 0.3x + 15$	0.974

根据表 3-10 的结果来看，相较于图 3-43 的拟合情况，该式的拟合效果虽略有减弱，但仍有较高的拟合优度。因此，可将该式用于计算岩溶土洞塌陷时塌陷土洞的最大洞径，从而对岩溶土洞塌陷的影响范围进行评估，而式中的两个参数 x(覆盖层厚度)和 D(底部初始空洞直径)也可通过相应的技术手段获得。

3.4.4 塌陷土体累积质量分析

本次试验所用的模型箱底部有一开口,因此,对于土洞塌陷过程中塌陷的土体,可以通过容器收集,然后进行称量,便可得到一定时间内塌陷土体的质量变化,对其数据进行记录并绘制曲线,如图 3-44 所示。

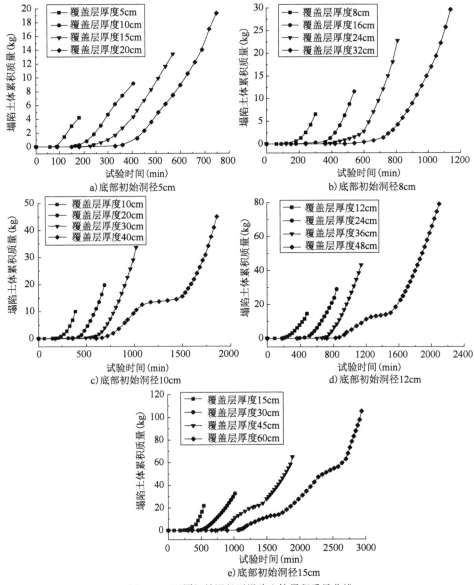

图 3-44 不同初始洞径下塌陷土体累积质量曲线

对比图中塌陷土体累积质量的变化情况,可以发现在整个土洞塌陷过程中,土体塌陷质量呈现出缓慢增加到基本匀速增加再到迅速增加的变化,缓慢增加出现在土洞塌陷的初期,基本匀速增加主要在土洞的扩大过程中,而迅速增加时间最短,出现在最后塌陷阶段。由此可见,岩溶土洞的塌陷并非一蹴而就,而是一个不断发展的过程。

3.4.5 岩溶土洞塌陷演化机理

根据目前已获得的研究成果,可总结出岩溶塌陷演化的机理如下:

(1)初始岩溶空洞的形成:可溶岩的存在是岩溶塌陷发生的前提,一定厚度土体覆盖下的可溶岩在内外地质营力作用下产生初始的微裂隙,此时形成的裂隙一般尺寸较小,不会导致覆盖层土体的塌落。但是当上覆盖层中有水体渗入裂隙中,则会使可溶岩发生溶解,使得裂隙不断扩大。

(2)覆盖层初始土洞形成:当可溶岩形成的溶洞达到一定规模时,会在空洞上部形成一临空面,此时可溶岩界面上的土体会在重力等作用下开始发生塌落,在土体中形成塌落土洞,如果存在地下水渗流等作用,会加快这一进程。根据已有研究,此时的土洞为拱形,其高度取决于上覆盖层土体类型和岩溶空洞的规模。

(3)覆盖层土洞塌陷扩展:当初始土洞形成后,若环境条件稳定,则根据前述研究成果,土洞是稳定的且不再扩大,显然在实际中是不存在的。因此,后续环境条件的改变,特别是存在水力条件的改变,会使土洞在重力、渗流等作用下继续向上部和纵深方向扩展,根据已获得的成果,其向上塌陷的速度大于水平发展速度。

(4)岩溶土洞发展至临塌状态:当土洞塌陷发展至一定高度时,此时覆盖层厚度较薄,已无法支撑土体的重力,开始发生塌陷,出现地表塌陷坑。

(5)岩溶土洞发生地表塌陷:岩溶土洞发生地表塌陷时,由于竖直和纵深方向塌陷速度不一致,竖向塌陷大于纵深塌陷。因此,地表塌陷刚发生时形成的塌陷土洞一般呈现中间大、两头小的纺锤状。

(6)地表塌陷坑扩展:土洞塌陷形成的塌陷坑并不是一成不变的,当受到外界条件作用(如降雨等)时,塌陷坑会继续发展,范围会不断扩大。

3.5 基于土拱效应的岩溶土洞塌陷演化数值模拟

岩溶土洞塌陷发生时,岩土体在塌落前已有很大的变形。为了进一步揭示岩溶塌陷演化过程,选择FLAC^{3D}软件来进行岩溶土洞塌陷演化过程的模拟。

FLAC 是 Fast Lagrangian Analysis of Continua（即快速拉格朗日差分分析）的缩写。该软件最早由美国 ITASCA 公司研发推出，是一款可以分析连续介质力学特性的软件。在推出之初，FLAC 仅有二维版本，在 1994 年，ITASCA 公司在原有 FLAC^{2D} 的基础上发布 FLAC^{3D} V1.0。因此，FLAC^{3D} 不仅包括了 FLAC^{2D} 的所有功能，而且做了进一步的优化升级，使之能够模拟计算三维状态下岩土体及其他介质中工程结构的受力与变形形态。经过多年发展，目前最新版本为 FLAC^{3D} V6.0，该软件已经成为一款在国际土木工程（尤其是岩土工程）学术界和工业界享有盛誉的三维有限差分程序。

FLAC^{3D} 软件具有以下几个显著的特点：

①采用命令驱动方式，命令行控制着程序的运行，用户有更大的选择性。

②支持二次开发，可使用 fish 语言进行编程，然后嵌入软件。

③采用显式拉格朗日算法和混合-离散分区技术，能准确模拟材料性质。

④包括多种材料模型：空模型（null，可模拟空洞等）、3 个弹性模型（各向同性、横观各向同性和正交各向同性弹性模型）和 8 个塑性模型（Drucker-Prager 模型、Mohr-Coulomb 模型、应变硬化/软化模型、遍布节理模型、双线性应变硬化/软化的遍布节理化模型、双屈服模型、Hoek-Brown 模型和修正的剑桥模型）。用户可根据材料的实际情况，相应地选择采用线性或非线性本构模型。

⑤网格能够相应发生变形和移动，即支持模拟大变形模式。

3.5.1 计算模型的建立

1）模型概化

本次数值模拟仅选取底部洞径为 15cm 的 4 个试验，其他洞径条件下的规律基本类似，不作赘述。因此，建立的模型尺寸长 0.6m，宽 0.6m，高度分别为 0.15m、0.30m、0.45m、和 0.60m。模型考虑单一覆盖层结构，土层为含角砾粉质黏土；且假设塌陷土洞的形状为球状，通过扩大土洞半径，实现土洞发展演化过程的模拟。建立的数值模型如图 3-45 所示（以高度 0.45m 为例）。

2）参数选取

根据前期收集到的资料和室内试验的数据，对土层参数进行赋值，主要包括土体密度、黏聚力、内摩擦角、渗透系数等物理力学参数，具体如表 3-11 所示。

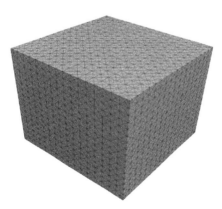

图 3-45 数值模拟模型

第3章 岩溶土洞塌陷机理及塌陷演化过程

模型物理力学参数 表3-11

土体名称	密度（kg/m³）	黏聚力（kPa）	内摩擦角（°）	渗透系数（cm/s）	泊松比	弹性模量（MPa）
含角砾粉质黏土	1850	20.6	19.6	5×10^{-5}	0.35	10.0

3）模拟方案

根据前述章节对于土洞塌陷过程的3个阶段的划分，拟通过以下步骤实现土洞塌陷过程的模拟（以覆盖层厚度为0.45m为例）：

步骤一：建立数值模拟分析模型，进行土体自重应力下的计算；

步骤二：挖去模型中部分土体（如图3-46中绿色部分，直径15cm，与底部初始洞径一致），完成塌陷第一阶段的模拟；

步骤三：继续挖去模型中部分土体（如图3-46中蓝色部分，直径20cm，洞顶距离底部16cm），完成塌陷第二阶段的模拟；

步骤四：接着挖去模型中部分土体（如图3-46中红色部分，直径35cm，洞顶距离底部31cm），完成塌陷第三阶段的模拟。

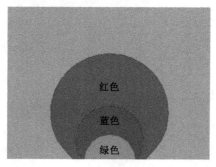

图3-46 模型剖面图

3.5.2 数值模拟结果分析

根据设定的模拟方案，依次将各部分的土体单元挖除，以模拟不同阶段的土洞塌陷情况，然后分阶段进行模拟分析，当不平衡力达到要求后，终止计算，得到各个阶段下土体中的应力、位移和塑性区等的变化情况，如下文所述。

1）应力分布规律

（1）竖向应力分布规律

图3-47～图3-50分别为不同覆盖层厚度下各个阶段的竖向应力分布图（其中，15cm的覆盖层较薄，只模拟第一阶段）。从图中可以发现：①在岩溶土洞塌

陷的不同阶段，土拱效应始终存在；②在初始土洞形成阶段，各厚度下的土体均会在土洞底部拱脚部位出现应力集中现象，应力值的大小与覆盖层的厚度有关，覆盖层越厚，其值越大，各厚度覆盖层条件下的最大值分别约为 3.3kPa、7.8kPa、12.4kPa 和 16.2kPa，略大于室内模型试验获得的土压力值；③随着土洞不断扩展，竖向应力的分布也在不断变化，最显著的特征在于土拱拱脚的改变。

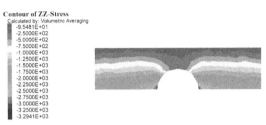

图 3-47　覆盖层厚度 15cm 时的竖向应力分布图

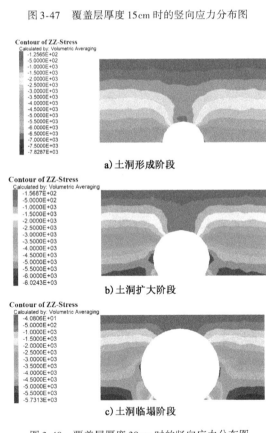

a) 土洞形成阶段

b) 土洞扩大阶段

c) 土洞临塌阶段

图 3-48　覆盖层厚度 30cm 时的竖向应力分布图

第3章 岩溶土洞塌陷机理及塌陷演化过程

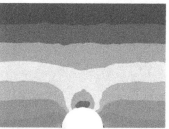

a) 土洞形成阶段

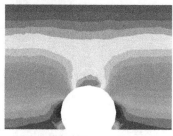

b) 土洞扩大阶段

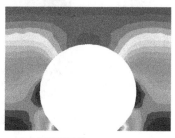

c) 土洞临塌阶段

图 3-49 覆盖层厚度 45cm 时的竖向应力分布图

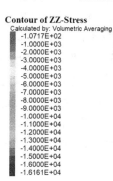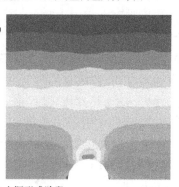

a) 土洞形成阶段

图 3-50

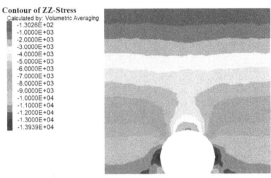

b）土洞扩大阶段

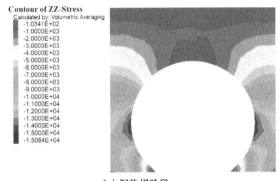

c）土洞临塌阶段

图 3-50　覆盖层厚度 60cm 时的竖向应力分布图

当土洞内部塌陷扩大时，土体中竖向应力最大值不再出现在底部，而是出现在洞室最大宽度的两侧，即拱脚处，但其值相较于第一阶段已有明显减小；当土洞发展至临塌阶段，拱脚则会再次上移，土压力最大值也将再次减小，但减小幅度要小于前一阶段。此时拱顶的应力值已与覆盖层上部基本一致，将会与地表土体形成连通的应力低值区，这也意味着塌陷即将发生。由此可见，在土洞塌陷过程中，土拱效应确实存在，且拱脚的位置并非一成不变，而是会随着土洞的发展而变化。因此，在岩溶土洞的塌陷过程中，土体的竖向应力最大值并不一定就在底部，而应该是在拱脚处。由于应力的相对集中，使得该处的应力值显著增大，也远大于同一水平方向离拱脚较远的其他区域。另外，拱脚处的应力集中也会使该部位的土体最先达到屈服状态，而后发生破坏。

（2）剪应力分布规律

如图 3-51～图 3-54 所示，分别为不同覆盖层厚度下各个阶段的剪应力分布图。与竖向应力的分布情况类似,最大剪应力也出现在拱脚部位,随着拱脚位置的改变而变化。在第一阶段,其值最大,分别为 1.6kPa、5.1kPa、7.8kPa 和 9.3kPa 左右,而后两个阶段的值相较于第一阶段明显减小。而洞顶处的最大剪应力呈现下凸趋势,即同一水平位置上,洞顶部位的剪应力要小于其他部位,原因在于土洞的扩展,使得洞顶部位的土体临空,下部失去依托。同时,最大剪应力主要在拱脚处集中,使得该部位的土体最先发生破坏,土洞因此不断扩大。

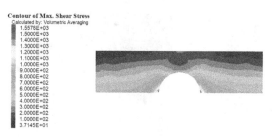

图 3-51 覆盖层厚度 15cm 时的剪应力分布图

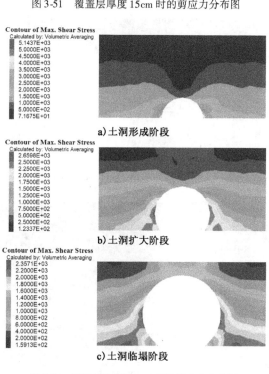

图 3-52 覆盖层厚度 30cm 时的剪应力分布图

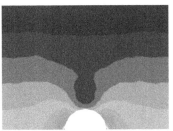

a) 土洞形成阶段

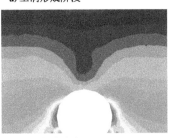

b) 土洞扩大阶段

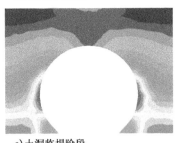

c) 土洞临塌阶段

图 3-53　覆盖层厚度 45cm 时的剪应力分布图

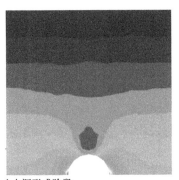

a) 土洞形成阶段

图　3-54

第 3 章　岩溶土洞塌陷机理及塌陷演化过程

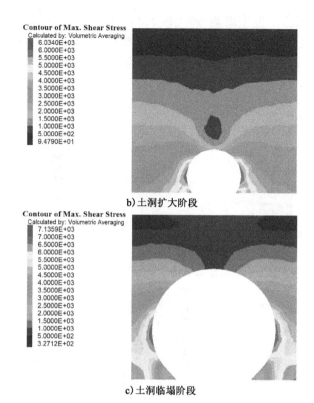

b) 土洞扩大阶段

c) 土洞临塌阶段

图 3-54　覆盖层厚度 60cm 时的剪应力分布图

上述通过对土洞塌陷不同阶段土体竖向应力及剪应力的研究可以发现，在土洞的不同塌陷阶段，土体中同样存在土拱效应。在第一阶段即初始土洞发育形成阶段，拱脚位于模型底部空洞的边缘处，这与室内模型试验得到的结论相一致。而随着土洞的不断扩大，土拱的拱脚也在不断变化，由于此时的位置较难以确定，因此在模型试验中并未通过相应的监测手段获得准确的土拱拱脚位置，但通过对土压力和土体塌落面的观察可以证实，在土洞塌陷扩张过程中，土体中依然存在土拱效应。

2）竖向位移分布规律

如图 3-55～图 3-58 所示为不同塌陷阶段土洞周围的竖向位移变化情况分布图。可以看出在土洞发展演化的不同阶段，拱顶处土体均产生最大的竖向位移，而且前两个阶段的位移差别不大，而第三阶段的位移则迅速增长，原因是在土洞向上发展扩大的过程中，覆盖层持续发生竖向位移，而一、二阶段土洞塌陷扩展有限，位移主要发生在土体内部，第三阶段已基本达到土洞的临界塌陷状态,上覆土体在重力下发生塌落,产生较大的位移。同时,竖向位移的分布由拱顶向上覆土层递减,形成一个近椭圆状的位移分布环,环中心位于洞室的最顶端。随着土洞塌陷范围的扩大,位移分布环的范围也相应变大,最终地表土体发生塌落,形成塌陷坑。

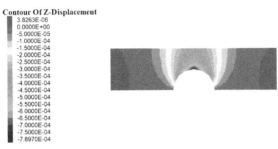

图 3-55　覆盖层厚度 15cm 时的竖向位移分布图

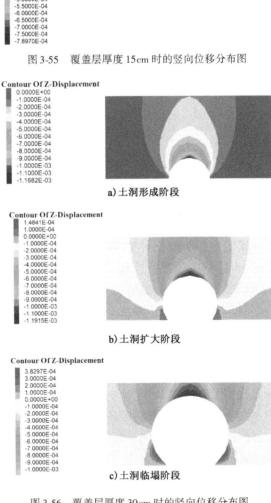

图 3-56　覆盖层厚度 30cm 时的竖向位移分布图

第 3 章　岩溶土洞塌陷机理及塌陷演化过程

a) 土洞形成阶段

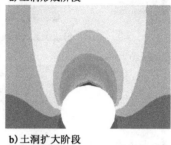

b) 土洞扩大阶段

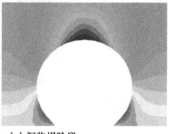

c) 土洞临塌阶段

图 3-57　覆盖层厚度 45cm 时的竖向位移分布图

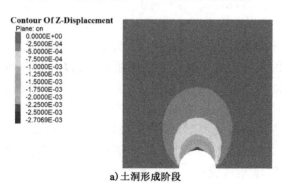

a) 土洞形成阶段

图　3-58

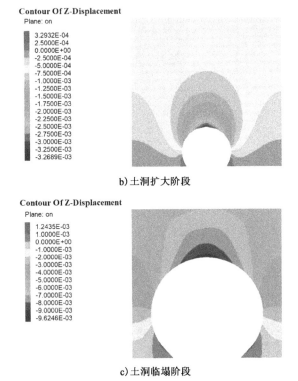

图 3-58 覆盖层厚度 60cm 时的竖向位移分布图

3）塑性区分布规律

塑性区可以用来反映土体潜在的破坏范围以及破坏的趋势，因此，研究覆盖层塑性区分布情况，可以得到岩溶土洞进一步发展演化的趋势与潜在的破坏形式。如图 3-59～图 3-62 所示，分别给出了不同覆盖层厚度条件下，在塌陷不同阶段土洞周围土体的塑性区分布情况。可以发现，土洞在发展扩大过程中，土洞周围一定范围内的土体会首先进入塑性屈服状态，以张拉破坏为主。在土洞形成以及内部扩展阶段，塑性区的范围较小，仅分布在洞顶及洞底小部分土体中，15cm 厚度的覆盖层由于较薄，在第一阶段塑性区即发展至地表，形成地表塌陷，与室内试验得到的现象类似，无法形成稳定的土拱结构；而当土洞扩大至即将发生地表塌陷的临界状态时，土洞洞顶的塑性区范围会迅速扩大，而土洞洞壁部分的塑性区则相对较小。在这种情况下，土洞的破坏以拱顶的张拉破坏与塌落为主，拱顶土体首先发生张拉破坏，继而向上发展直至切穿地表，形成地表塌陷坑。

第 3 章 岩溶土洞塌陷机理及塌陷演化过程

图 3-59 覆盖层厚度 15cm 时的土体塑性区分布图

a) 土洞形成阶段

b) 土洞扩大阶段

c) 土洞临塌阶段

图 3-60 覆盖层厚度 30cm 时的土体塑性区分布图

a) 土洞形成阶段

图 3-61

83

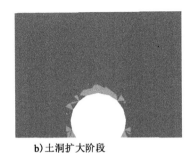

b) 土洞扩大阶段

c) 土洞临塌阶段

图 3-61　覆盖层厚度 45cm 时的土体塑性区分布图

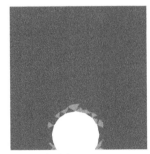

a) 土洞形成阶段

b) 土洞扩大阶段

图 3-62

第3章 岩溶土洞塌陷机理及塌陷演化过程

c) 土洞临塌阶段

图 3-62 覆盖层厚度 60cm 时的土体塑性区分布图

3.6 岩溶土洞塌陷演化过程数值模拟

上一节利用 FLAC^{3D} 软件再现了岩溶土洞的扩展演化过程，主要讨论了土拱效应在此过程所发挥的作用，但对于渗流、水位的影响却没有涉及。作为目前岩溶塌陷最主要的外界致塌力，水流的作用一直以来都是不可忽视的，因而本节主要围绕地下水的变化对覆盖层土体的影响展开研究，利用同款软件，基于水位致塌模型试验，分别模拟覆盖层在渗流作用、地下水位下降过程中发生的变化，获取在不同工况下的沉降、应变、塑性区的发展变化规律。

3.6.1 计算模型

模型尺寸同物理模型一致，长宽高分别为 $1.2m \times 1.2m \times 1m$。在模型底部的中间部分挖去一个半径 10cm 的半圆，用来模拟土洞，得到如图 3-63 所示的初始模型图，模型考虑单一覆盖层结构，土层为含角砾粉质黏土，土体物理力学参数不变，与上一节相同。建好模型后，对模型进行最大不平衡力计算，使之收敛于 0，达到平衡状态，生成初始自重应力场。

3.6.2 数值模拟结果分析

1) 覆盖层初始竖向位移分析

如图 3-64 所示，在自重应力作用下，覆盖层土体仅发生轻微变形，土层位移由底层至顶层逐渐增大，且靠近土洞的中心位置竖向位移大于边缘位置，覆盖

图 3-63 模型示意图

85

层表面无明显的沉降差异,顶面最大沉降约为 1.29mm,整体处于平衡状态。

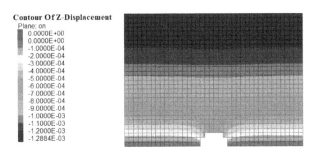

图 3-64　覆盖层初始竖向位移云图

2)渗流作用

(1)土洞拱顶应力分析

在相同条件下,对覆盖层进行三组不同水位高度的渗流模拟,记录土洞顶板土体的应力,绘制应力时变曲线,如图 3-65 所示。从图中可以看出,渗流开始后,土洞顶板土体应力在高水位(80cm)时发生快速下降,而在中低水位时,应力先是波动增加,而后又逐渐下降直至趋于稳定。这主要是由于渗流作用的强弱不同,高水位渗流作用强,对土洞周边土体的潜蚀与搬运作用明显,土体强度迅速降低,拱顶土体发生应力重分布现象;中水位渗流作用较强,经过一段时间后,土体在渗流作用下破坏后竖向应力开始快速减小;低水位渗流作用微弱,未能破坏土体结构,土体竖向应力在渗流作用下发生波动变化,最终趋于稳定。

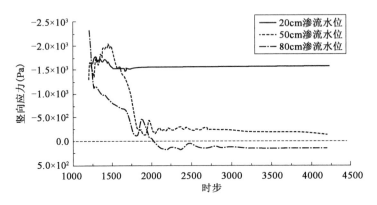

图 3-65　土洞拱顶应力时变曲线

值得注意的是,在高水位渗流作用下,土洞顶板土体应力状态发生了明显的转化,土体压应力在渗流作用下迅速减小,且逐渐由受压状态转变为受拉状态,说明此时土洞拱顶土体在高水位渗流作用下发生了张拉破坏。综上可以看出，渗流水位的高低能够影响土体应力发展状态，水位越高，渗流作用越强，土体强度降低越多；当渗流水位足够高时，土体应力状态甚至能由压应力转化为拉应力，使得土体发生张拉破坏。

取 80cm 渗流水位的纵剖面应力云图观察（图 3-66），可以看到在渗流发生后，土洞拱顶应力释放，产生一个应力低值区，且有部分土体已经受到了拉应力破坏，而拱脚附近则存在应力集中现象。这与上一节的模拟结果相同，说明在渗流过程中土体同样存在土拱效应。

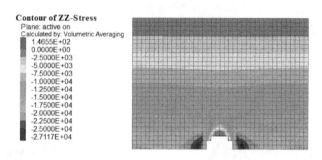

图 3-66 覆盖层纵剖面应力云图

（2）覆盖层竖向位移分析

在相同条件下对覆盖层施加 20cm、50cm、80cm 的水位，进行渗流耦合计算，得到覆盖层竖向位移云图，如图 3-67 所示。从图中可以看出，渗流对于土层的变形作用较小，土层仅发生轻微压缩变形；靠近土洞的中心位置土体竖向位移大于边缘位置，且竖向位移由中心向边缘呈环形递减，渗流水位越低，中心与边缘位置差异沉降越小，且差异沉降均未超过 1.5%。因此可以认为，稳定的渗流运动对土体位移的作用相对较小。

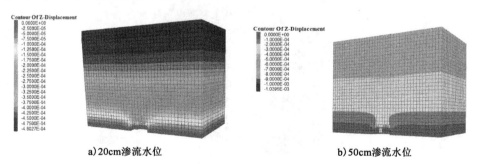

a) 20cm 渗流水位　　　　　　b) 50cm 渗流水位

图 3-67

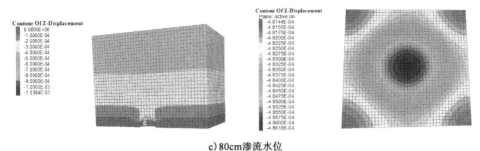

c) 80cm渗流水位

图 3-67 覆盖层剖面竖向位移云图

（3）覆盖层塑性区分析

如图 3-68 所示，给出了不同渗流水位下覆盖层的塑性区分布图。结果显示，当渗流水位较低时，土洞周边受到渗流影响的土体范围较小（绿色区域），土洞整体未发生破坏；随着渗流水位的增大，土洞塑性区的范围也逐渐扩大，土洞

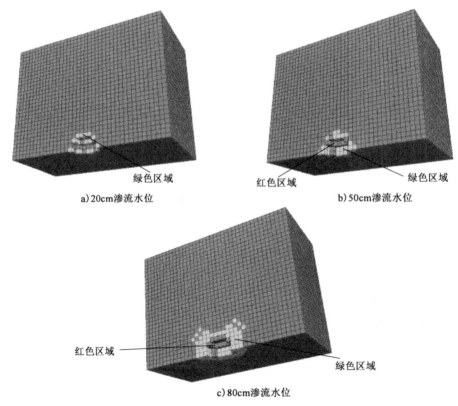

图 3-68 不同渗流水位下土体塑性区云图

中靠近拱顶的四周土体在渗流作用下受到拉张破坏(红色部分),部分土体被渗流带走;当渗流水位进一步提高,靠近洞顶的四周土体也纷纷受到张拉破坏,土洞进一步扩大,塑性区也随之增大。从塑性区的发展变化可以看出,渗流水位越高,土洞周围塑性区发展范围越大,同时,在渗流作用下,靠近拱顶位置的土体最容易发生破坏,土洞向上发展的趋势也越加明显。

3) 地下水位骤降作用

(1) 覆盖层竖向位移分析

在相同的 80cm 初始水位条件下,对覆盖层分别进行水位降幅 10cm、20cm、30cm、40cm、50cm 的降水计算,得到覆盖层竖向位移云图,如图 3-69 所示。从图中可以看出,与渗流作用相比,地下水位下降对于土层的变形位移作用是比较显著的,覆盖层土体在地下水位骤降的作用下具体表现为:靠近土洞的中心位置土体竖向位移大于边缘位置,且竖向位移由中心向边缘呈环形递减,水位降幅越大,地表中心与边缘位置差异沉降越大。此外,与自重应力下的土洞竖向位移相比,地下水位骤降后,土洞上方土体产生了集中的竖向位移,且该处位移最大,随着水位降幅的增大,土层的竖向位移也相应增加。

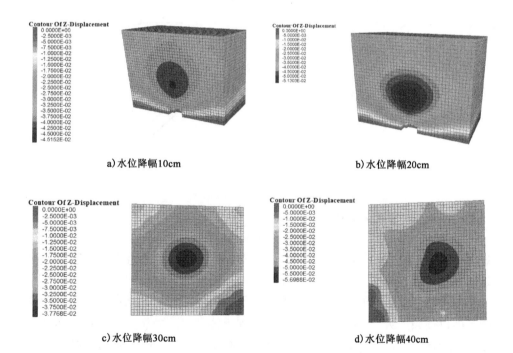

图 3-69

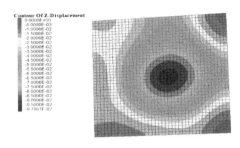

e）水位降幅50cm

图3-69　地下水位骤降下土体覆盖层竖向位移云图

将五组地下水位降幅对覆盖层顶面中心及边缘位移的影响进行统计,并绘制降幅-沉降增量曲线,得到图3-70。由该曲线可以看出,覆盖层表面在水位骤降作用下的沉降随着水位降幅的增大而增大,且随着水位降幅的增加,地表中心与边缘位置的沉降差也越来越显著。当水位降幅由20cm上升到30cm时,中心与边缘的沉降都得到了快速的增长,中心与边缘的沉降差异也开始逐渐增加,并越来越大,因此可以认为,水位降幅20cm为覆盖层的临界水位降幅。

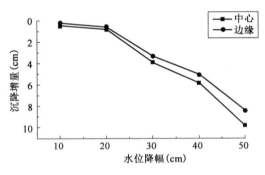

图3-70　降幅-沉降增量曲线

（2）覆盖层塑性区分析

同等条件下对覆盖层分别进行水位降幅10cm、20cm、30cm、40cm、50cm的降水计算,得到覆盖层塑性区云图,如图3-71所示。塑性区的分布显示,当水位降幅较低时,土洞周边受到水动力作用而发生破坏的土体范围较小,土洞拱顶处土体受力较为集中,但土洞整体未发生破坏;随着水位降幅的增大,土洞塑性区的范围也逐渐扩大,土洞中靠近拱顶的四周土体在渗流力作用下受到拉张破坏,渗流带走部分土体;当水位降幅持续增大,水动力作用也随之加剧,拱顶塑性区向上延伸,同时地表塑性区也向下发展,土洞四周土体受到张拉破坏,掉落土体被水流带走,土洞进一步扩大,与此同时,土洞塑性区也随之扩大,且土洞上部塑性区的纵向发展比横向扩张范围更大。

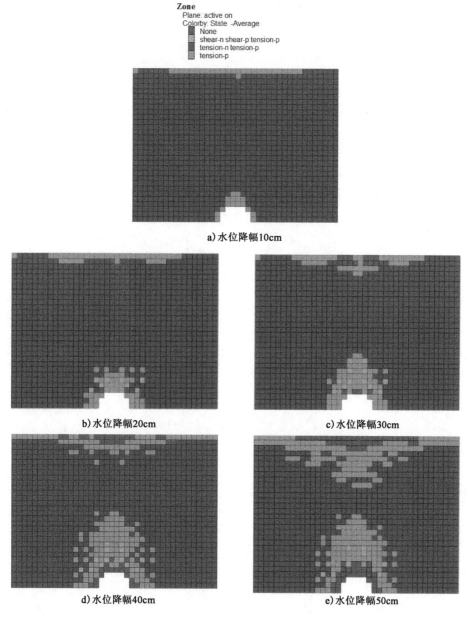

图 3-71 地下水位骤降下土体塑性区云图

从塑性区的发展变化可以看出,水位降幅越大,土洞周围塑性区发展范围越大,可能发生破坏的土体也越集中;水动力作用下,靠近拱顶位置的土体最容易发生张拉破坏,土洞也因此向上发展。

第4章 岩溶土洞塌陷判据及监测预警

4.1 岩溶塌陷致塌模式及其临界判据

本节主要针对水位循环波动和上部荷载作用下的覆盖型岩溶塌陷模型展开研究(见3.2节),在对试验数据进行分析的基础上,进一步提出岩溶土洞塌陷的临界判据,为下一步岩溶塌陷的监测预警工作提供依据和支持。

4.1.1 水位循环波动下试验结果及过程分析

1)覆盖层孔隙水压力的变化曲线分析

对三组不同深度(深度30cm、60cm、90cm)不同位置(离中心点距离14cm、22cm、36cm、50cm)的孔隙水压力进行监测,监测结果如图4-1所示。从图中可以看出,随着试验的进行,水位发生多次循环波动,对各个深度及各个位置的孔隙水压力都造成了一定影响,尤其在2500min左右,孔隙水压力的变化有较大的落差。这主要是由于土体在经历了多次水位循环波动之后,内部结构已经被破坏,土体的强度已经无法维持土洞的稳定,从而发生较大的塌落,使水压在瞬间有较大下降。

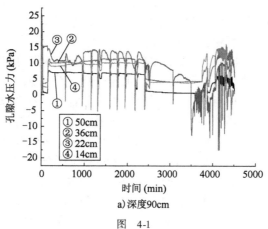

a)深度90cm

图 4-1

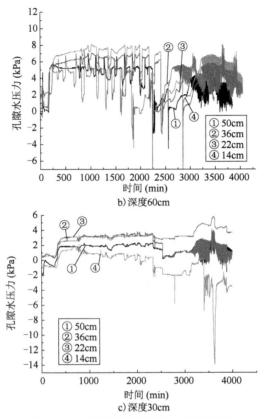

图 4-1 同一深度不同位置孔隙水压力变化图

此外,同一深度各个点对于水位波动的响应也有所不同。从整体上来看,离孔中心相对较近的两个位置(14cm、22cm)对于水压的变化相对比较敏感,不管是波动规律还是振幅变化,比起另外两个位置都更为明显;但随着深度的逐渐减小,这种差异性也在逐渐变弱,甚至在某些位置出现了不同的效果,这主要是由于土体的不均匀性导致该处形成土体裂隙,存在与底部孔洞相连通的水流通道。但从整体上来说,离中心孔的距离越近,水压变化更为敏感。

不同深度、离中心孔相同距离的孔隙水压力监测曲线如图 4-2 所示。由图可知,在试验过程中,不同深度的各个位置上孔隙水压力的大小都有所波动,但波动的幅度有较大的区别,可以很明显地看到,90cm 深度孔隙水压力对于水位波动的响应非常迅速,尤其是距离中心孔越近响应越强烈;60cm 深度响应相对微弱一些,但也有很明显的幅度变化;而 30cm 深度则基本上没有较大的变化,曲线十分平缓,说明 30cm 深度处的孔隙水水力联系较弱,受到的岩溶水位波动影响较小。因而,总的来说,深度越深,响应越明显,波动幅度越大。

第 4 章 岩溶土洞塌陷判据及监测预警

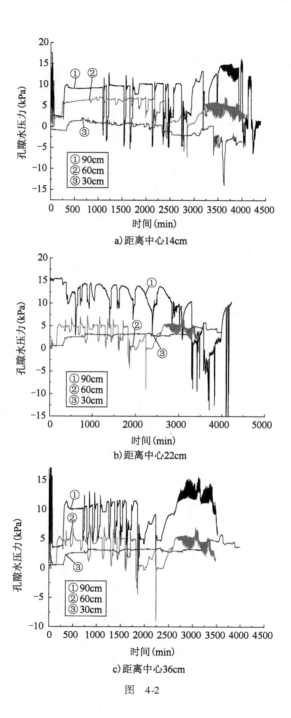

a) 距离中心14cm

b) 距离中心22cm

c) 距离中心36cm

图 4-2

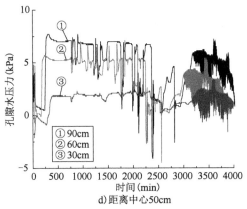

d) 距离中心50cm

图4-2 不同深度相同位置孔隙水压力变化图

2) 覆盖层土压力的变化曲线分析

在不同深度不同位置埋设的12个土压力计所监测的数据如图4-3所示。结果显示,随着深度的不断增大,土压力的变化由规律转向无序。在深度较浅时(30cm),四个不同位置的土压力曲线均随着水位的波动有规律增大和减小,振幅变化基本相同,说明水位波动对该深度的土体影响较小。而随着深度的加深,水位波动的影响逐渐增大,在水位循环上升和下降的过程中,土压力不断增大和减小,形成了一个个陡坎,其中,越靠近中心孔的位置,曲线震荡变化越大。但从整个水平面上来看,土压力的变化不再有序,部分位置土压力逐渐上升,而其他位置则有下降趋势,变化十分复杂。究其原因,主要是因为在水位波动面上,频繁的水位变动使得该部分土体性质由相对均匀转为不均匀,土体中部分颗粒被水流带走,形成一个个细小的裂隙,原先的颗粒被水代替,不仅改变了压力大小,也导致了水在上升和下降运动过程中逐渐变得无序。

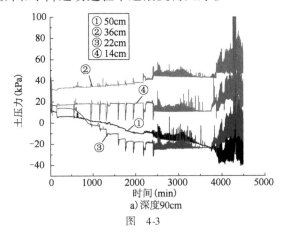

a) 深度90cm

图 4-3

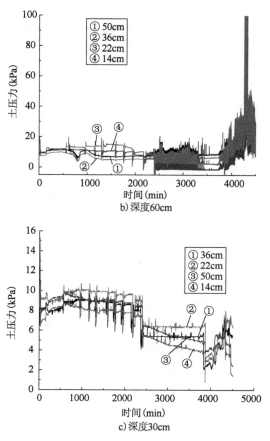

图4-3 土压力变化曲线图

3)沉降破坏变化曲线分析

离中心孔距离分别为15cm、25cm、40cm、55cm布设的沉降计监测结果如图4-4所示。从整体上来看,可以将土体的沉降过程分为三个阶段,首先在前期大部分时间里(2500min以前),土体还是处于一个相对稳定的状态,沉降变形十分缓慢,沉降量非常小;而在中期(2500~4200min期间),土体出现台阶式的沉降趋势,沉降量逐渐增大,但在每一次沉降后都有一段时间处于稳定状态,说明岩溶塌陷的过程是循序渐进的,是一个平衡与不平衡相互频繁转换的过程;而在4200min之后,土体沉降量出现了断崖式的突变,说明此时土洞的稳定已经达到了临界状态,再也无法维持上覆土体压力,塌陷发展至地表,引发大量土体掉落。同时可以看出,与中心孔的距离越近,塌陷发生的时间越早,沉降量也越大,说明岩溶塌陷是由中心向四周扩展的,随着土洞的发育,塌陷区的影响范围也逐渐增大。

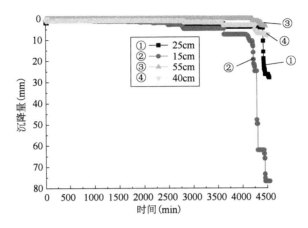

图 4-4 土体沉降量变化曲线图

4）临界判据

为了定量研究沉降量与孔隙水压力、土压力变化之间的关系，根据试验得到的每次波动的沉降量与孔隙水压力、土压力值的关系曲线进行微分，得到水位快速下降时的孔隙水压力、土压力值的最大变化速率。根据得到的最大变化速率与沉降总量进行非线性拟合，得到沉降量与孔隙水压力、沉降量与土压力的拟合公式。从前面的试验结果可知，地表塌陷阶段中心点位置最先塌陷，因此选取靠近中心点的沉降、孔压、土压数据作为临界判据的研究点。得到微分后孔隙水压力、土压力的变化速率分布如图 4-5 所示，根据微分得到的结果与同一时刻的沉降量整合如表 4-1 所示，之后使用 origin 8 软件进行拟合，见表 4-2 和图 4-6。

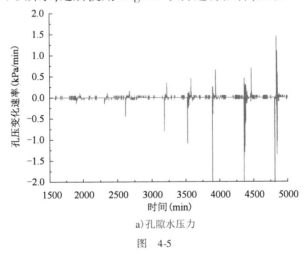

a) 孔隙水压力

图 4-5

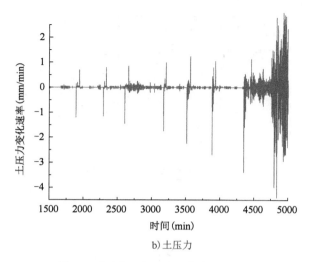

b) 土压力

图 4-5 孔隙水压力、土压力变化速率曲线

沉降量与孔隙水压力、土压力变化速率数据表 表 4-1

沉降量(mm)	孔压变化速率(kPa/min)	土压力变化速率(kPa/min)
1.1	0.15	1.1
1.13	0.15	1.15
1.24	0.45	1.45
1.38	0.8	1.7
1.6	1.1	2.2
1.92	1.9	2.6
2.79	2.6	3.4
4.66	3.4	4.3

方 程 式 拟 合 表 表 4-2

拟合方程式 (y 为沉降量,x 为压强)		拟 合 系 数				相关系数
		a	b	c	d	R^2
$y = a + bx + cx^2 + dx^3$	孔压	0.9978	0.7744	-0.4362	0.1545	0.9984
	土压	0.3565	1.0018	-0.3973	0.0923	0.9998

从表 4-2 中可以看到，采用三次函数进行拟合之后，沉降量与孔压变化速率、土压变化速率之间相关系数分别达到了 0.9984 和 0.9998，说明拟合效果较好，可以满足要求。其拟合方程分别为：

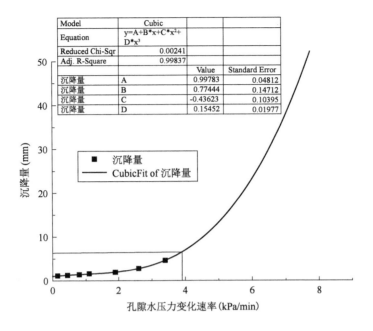

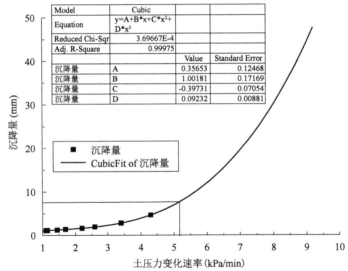

图 4-6 沉降量与孔压变化速率、土压变化速率间拟合曲线

$$y = 0.99783 + 0.77444x_1 - 0.43623x_1^2 + 0.15452x_1^3 \qquad (4\text{-}1)$$

$$y = 0.35653 + 1.00181x_2 - 0.39731x_2^2 + 0.09232x_2^3 \qquad (4\text{-}2)$$

式中：x_1——孔隙水压力变化速率；

x_2——土压力变化速率;
y——沉降量。

由试验结果可知,当沉降量为 7.6mm 时,土体发生塌陷。将其代入公式得到的孔隙水压力和土压力的变化速率分别为:4.14kPa/min、5.11kPa/min。此时岩溶发育达到临界状态,土洞扩展至地表,发生地表塌陷,因而可将这两个数值作为该试验判定岩溶塌陷是否稳定的临界值,而三者间的拟合方程和函数关系式可作为常规岩溶塌陷的临界判定依据,具有理论和实际意义。

4.1.2 上部荷载工况下试验结果及过程分析

1) 孔压随时间变化曲线分析

每 30min 对覆盖层土体进行重复加载,在此过程中各个监测点位的孔隙水压力变化如图 4-7 所示。图中显示,从整体上来看,各个深度上对于每次荷载的施加均有所响应,单次孔压变化幅度在 1.5kPa 范围内。孔隙水压力在加载的瞬间发生突变,迅速上升到峰值并维持一段时间后快速回复原位,这种现象随着深度的增加越加明显。土体颗粒在受到上部压力之后发生挤压,导致孔隙体积减小,孔隙水来不及排出在瞬间形成超孔隙水压力,使得孔压快速上升。而深度越深,土体所受侧压力越大,消散的时间也就越久。

此外,对比图 4-7 中两张图可以发现,离塌陷中心越近,孔隙水压力的响应越明显,变化幅度越大,持续时间也越长。这主要是由于在上部集中荷载作用下,土体内部应力分布呈抛物线变化,随着影响半径增大而逐渐减小。但两者的变化趋势基本相同,在荷载作用下孔压均有一段迅速上升和下降过程。

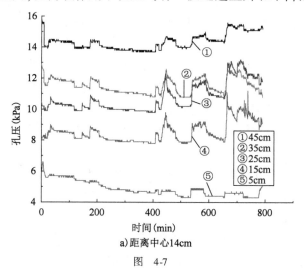

a) 距离中心14cm

图 4-7

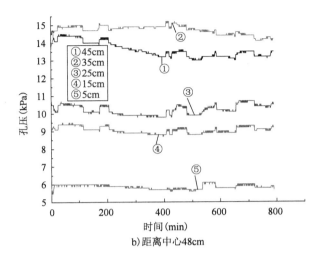

图 4-7 不同深度下同一水平位置历次加载孔压变化图

2）土压随时间变化曲线分析

对加载工况下不同深度（25cm、35cm、45cm）不同水平位置（距离中心14cm、28cm、48cm）处土压力进行监测，其变化全过程如图4-8所示。由图可知，曲线大都呈阶梯状上升，每次荷载的施加，土压力均有所增加，尤其在离中心孔28cm的点位上土压力变化特别明显，单次增长幅度随时间增加而不断增大。虽然14cm处距离中心孔位置最近，但在上部荷载的重复施加下，其变化幅度并不突出。究其原因，主要在于荷载的施加导致中心孔产生了一定的沉降，塌陷洞口土体的掉落使得周围土体发生了移动，出现应力重分布现象，继而该处的土压力要小于28cm处。同时，距离中心孔42cm处随着深度的增加，其受到荷载的影响逐渐减小，从最开始不稳定的上下波动到中间平缓稳定增长再到最后的基本保持不变，充分体现了上部荷载作用范围内土体的应力变化。

3）覆盖层沉降破坏变化曲线分析

各监测点的沉降量大小随时间的变化过程如图4-9所示。从图中可以看到：

（1）从整体上来看，距离中心45cm处的沉降量最小，试验过程中基本没有发生沉降，说明该位置的土层处于上部荷载产生的附加应力作用范围之外，荷载作用并未对该位置产生影响。

（2）距离中心40cm处沉降量变化趋势为先增后减，初始加载沉降速度较快，25min后速度逐渐减小，在270min达到峰值，后沉降量逐渐减小到0.42mm。

出现该现象的原因主要在于该处土体初始孔隙率较大,前期在荷载作用下发生较大的体积压缩变形;而在后三次较大的加载情况下沉降量不增反减,主要是由于在大荷载作用下,前期经过压缩后的中间土体只能向两侧挤压,使得距离较远处发生向上隆起现象,继而土体变形有所回弹,沉降量减少。

(3)距离中心25cm和14cm处对荷载施加响应明显,前4次增量为50kg的荷载加载后,两处的沉降量变化相差不大,沉降量在0.2mm左右。而在第5次加载后,两者开始出现较大分叉,沉降量差值越来越大,说明此时中心孔已有部分土体发生塌落,且随着加载次数的增加,越来越多的土体掉落,按照由近及远的方式开始向四周扩散。

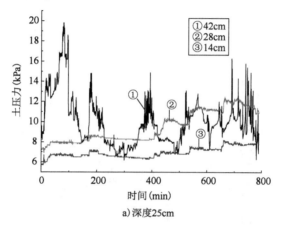

a) 深度25cm

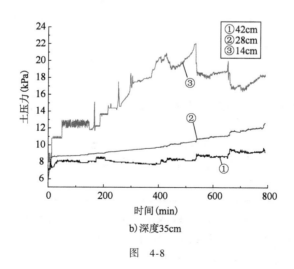

b) 深度35cm

图 4-8

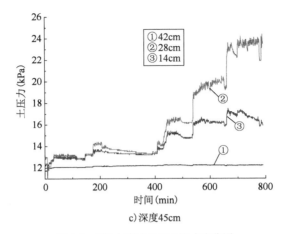

c) 深度45cm

图4-8 历次加载全过程土压力变化图

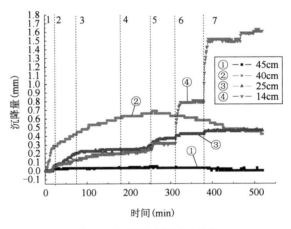

图4-9 各监测点沉降量变化图

4) 临界判据

在每次施加荷载后对地表的沉降量进行监测和记录,两者的关系如表4-3所示。

荷载与地表沉降关系表　　　表4-3

荷载 x(kPa)	16.3	21.8	27.2	32.7	43.6	54.4	65.3
地表沉降量 y(mm)	1.49	3.31	5.57	9.67	13.91	17.49	19.43

根据表4-3的试验数据,以荷载大小为横坐标,地表沉降量为纵坐标,得到荷载与地表沉降量的关系曲线(图4-10)。采用origin软件进行线性拟合(表4-4),相关系数 $R^2=0.968$,拟合效果较好。

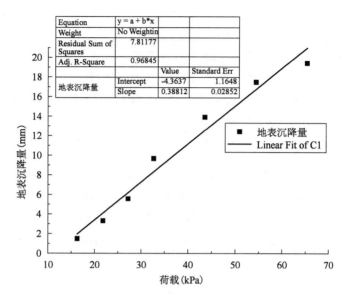

图 4-10 上部荷载与沉降量关系曲线图

拟 合 误 差 表　　　　　　　　　　表 4-4

拟合方程式	拟 合 误 差			相 关 系 数
	系数	值	标准差 σ	R^2
$y = a + bx$	a	-4.364	1.165	0.968
	b	0.388	0.029	

因此得到该试验工况下荷载与覆盖层沉降量之间的关系：

$$y = -4.3637 + 0.388x \qquad (4\text{-}3)$$

式中：y——沉降量；

x——上部荷载。

根据拟合公式可知，覆盖层沉降量与上部荷载大小呈线性正比例关系，随着上部荷载的增大，覆盖层沉降量也相应增大。因此，上式可用于计算岩溶区上部荷载作用下地基的变形沉降量。由于实际地层性质较为复杂，仅作为参考依据，需进一步验证和完善。

4.2 基于布拉格光纤光栅传感技术(FBG)的岩溶塌陷监测模型

目前，国内外对岩溶塌陷进行监测的手段多种多样，除了一些常规手段，如监测地面变形、水气压变化、土体沉降等，对于一些大型线状工程如公路、铁路、管道等,常采用地质雷达、光纤光缆等一些非常规手段,而 FBG 就属于这一类型。截至目前,该方法已有 40 年左右的发展历程,应用于桥梁、大坝、隧道、滑坡、煤矿巷道等多种复杂工程中,取得了一系列突出成果。因此,本节主要围绕该监测方法展开室内模型试验研究,针对岩溶塌陷中常见的渗流及水位变化作用,通过模拟不同类型地下水水位的升降,利用 FBG 技术监测该过程中土体的应变规律,从而再现岩溶土洞塌陷的演化过程。

4.2.1 原理

布拉格光纤光栅传感技术(Fiber Bragg Grating,简称 FBG),主要能获取被测体的应变与温度的监测数据。布拉格光栅是一种折射率周期变化的光栅,它的周期不同,反射波的波长也就不同,光在 FBG 中的传播原理如图 4-11 所示。当宽带光进入光纤后,经过光栅反射回特定波长的光,反射光波长满足布拉格衍射条件,即:

$$\lambda_B = 2n_{\text{eff}}\Lambda \tag{4-4}$$

式中:λ_B——反射光中心波长;

n_{eff}——光纤芯区的有效折射率;

Λ——光栅周期。

图 4-11 FBG 感测原理示意图

当刻有这种布拉格光栅的光纤发生变形或者所处环境温度发生变化时,它的周期就会发生改变,从而使得中心波长也发生周期性漂移(图 4-12,纵坐标 I 表示温度)。通过测量光栅反射波中心波长变化,便可换算得到被测物体的应变与温度等物理量的变化值,且应变和温度的改变所引起的 FBG 中心波长的变化满足的线性关系为:

$$\frac{\Delta\lambda}{\lambda_B} = (1 - P_e)\varepsilon + (\alpha + \zeta)\Delta T \tag{4-5}$$

式中:λ_B——中心波长;

$\Delta\lambda$——波长变化量;

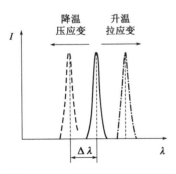

图 4-12 FBG 光栅波长漂移示意图

ε——光纤轴向应变；
ΔT——温度变化；
$1-P_e$——应变比例系数；
$\alpha+\zeta$——温度比例系数。

4.2.2　FBG 光纤监测方案

采用 3.2.2 节介绍的物理模型箱，填筑土体高度 90cm，土体物理力学性质与上文一致。共计埋设 FBG 光栅串 15 根，分三层埋设，每层埋设 5 根，包括 3 根八点光栅串和 2 根七点光栅串，各光栅串在土层中的相对位置如图 4-13 所示，分别埋设于土层高度 10cm、40cm、70cm 处。

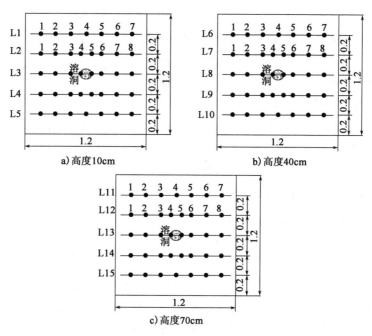

图 4-13　三层光栅串埋设俯视图

试验以模型箱底部为界面，分别模拟上部孔隙水和下层岩溶水两种不同类型地下水水位的升降，探究地下水的渗流和水位升降作用对覆盖层土体的影响。

1) 第四系孔隙水渗流作用

（1）水箱单侧水位下降，降幅 10cm，20cm，40cm。

（2）水箱双侧水位同时下降，降幅 10cm，20cm，50cm。

（3）试验步骤：

①调整两侧的水箱高度,打开水泵使水箱进水,等待箱体内水位达到设计高度并保持一段时间,使土体内部的水位均匀分布。

②保持一侧水箱不变,调整另一侧的水箱高度,使单侧水箱水位下降至预设的高度,每隔1h按预设降幅下降一次,一共下降三次。

③调整水箱至最高位置,使水位恢复并保持一段时间,重复步骤②一次。

④两侧水箱调整至最高水位并保持一段时间,同时调整两侧水箱高度,使两侧水位同时下降,每隔2h按预设降幅下降一次,一共下降三次。

2)岩溶地下水升降作用

(1)水泵注水,突发高水位作用一次。

(2)承压岩溶地下水反复升降。

(3)试验步骤:

①调整两侧的水箱高度,打开水泵使水箱进水,等待箱体内水位达到设计高度并保持一段时间,使土体内部的水位均匀分布。

②打开底部岩溶水进水阀门,使通道和空腔内部充满水。观察水箱水位高度是否变化,并保持一段时间。

③关闭岩溶水进水阀门,打开底部排泥口排出泥水混合物,清理空腔内部残余土块,关闭排泥口。

④每 1~2h 重复步骤②、③,直到土体完全塌陷至地面。

4.2.3 监测结果及分析

1)第四系孔隙水渗流作用

(1)高度 10cm 处土体应变时变曲线分析

高度 10cm 处土体在第四系孔隙水水位升降下的应变时变曲线如图 4-14、图 4-15 所示。从两张图可以看出,在水箱初次进水时,该层岩土体产生了明显的微应变,且靠近水箱两端位置的土体应变较中部的土体大,这是由于在初次进水阶段,岩溶箱内的土体逐渐开始由非饱和状态吸水进而达到饱和,而含角砾粉质黏土的渗透系数较低,此时土体内部的水力联系还较微弱,两侧水箱水位抬高的过程中,靠近两侧的土体先与水接触产生应变,而中部土体变形存在滞后现象。但中部的土体应变较快达到稳定,且在水位恒定后应变也基本保持恒定,而两侧的土体在水位升高的过程中不断受到水位抬升的作用,即使在水位达到预设高度后,土体仍在发生形变,这是由于在渗透系数较低的土层中,两侧土体由于靠近水箱,因此更易受到渗流力的作用使得土体产生轻微的变形。

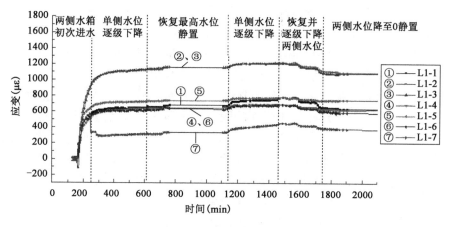

图 4-14　L1 应变时变曲线

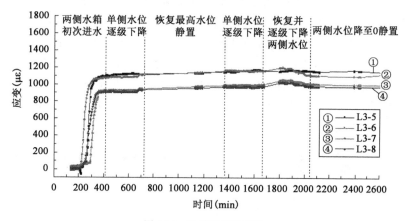

图 4-15　L3 应变时变曲线

同时,我们也注意到一点,在水箱进水的初始阶段,有部分传感器监测到负的微应变,这说明,在水箱还未进水前,箱内土体在多天的静置后达到了一个自我平衡的状态,此时突发的水位抬升,相当于突然增大了两侧的约束,土体瞬间受到了水平向的挤压,使得应变瞬间减小,而随着水位的继续升高,土体逐渐受到向下的作用力,应变也随之增大。

当逐级降低单侧水位,使得两侧之间存在一个水力梯度时,土体只发生十分微小的形变,说明此时土体内部整体的水力联系还比较微弱;当增加土体与水的接触时间后再一次逐级降低单侧水位,此时便可从图中看到该应变曲线产生了一个明显的向上增大的趋势,但又很快趋于稳定,此时的土体受到单侧水位下降的影响还比较小,但由于进水时间的增加,土体在长期水体的挤压与轻微渗流作

109

用下累积了一定的应变量,且内部也已经产生了一定的水力联系。因此在同时下降两侧水箱水位时,土体的应变有了明显的响应规律,随着每次水位下降幅度的增大,土体的应变得到了相应程度的恢复,这是由于土体在两侧达到最高水位时发生了最大程度的变形,随着水位的降低,土体的部分应力得到了释放,使得应变减小。由此可见,在第四系孔隙水位升降的过程中,土体只产生微小的形变,且可恢复,土体变形仍处于弹性阶段。对比两张图最后静置阶段的总应变量可知,溶洞上方的土体(中间部分)总应变量较两侧的土体总应变量大,这是由于渗流力的存在使得中间部分土体逐渐被渗流带走排出,土体内部便产生了一定量的沉降,而两侧土体由于距离洞口较远,土体较难产生细颗粒的流失,在水位降至 0 后,便恢复了一定的变形,使得最终应变较小。

(2)高度 40cm 处土体应变时变曲线分析

高度 40cm 处土体在第四系孔隙水位升降下的应变时变曲线如图 4-16、图 4-17 所示。同样,在水箱初次进水时,该层岩土体也产生了明显的微应变,且该层土体所产生的应变数值约为高度 10cm 处的两倍,说明该层土体对于两侧水位升降的响应更为敏感。由两张图可以看出,该层土体总的应变趋势为靠近溶洞上方的土体应变较大,最高可达 $2100\mu\varepsilon$,而处于两侧的土体发生的应变较小,两者数值相差接近一倍,因此可以认为在第四系孔隙水位升降的过程中,中间部分的土体率先产生变形。

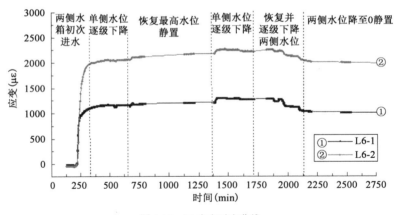

图 4-16　L6 应变时变曲线

在水力梯度作用下,土体中的水倾向于往岩溶洞口方向渗透流动,当水力联系较好时,孔隙水便朝着岩溶洞口方向流动,由于渗流力的存在,水流携带走一部分细颗粒,同时,洞口上方土体在水的作用下产生崩解软化,土体整体强度降低,便容易产生沉降变形。由图 4-17 的 L9 应变时变曲线可以观察到,由于该光栅串铺设在靠近洞口上方的土体中,因此即使是在初次单侧降水的情况下,土体的应变也产生了很好的响应,说明此时该层土体水力联系较高度 10cm 处的土体更好,当水位恢复到最高值时,土体的应变增大,土体受到两侧水压力以及渗流力的作用而向下发生沉降。

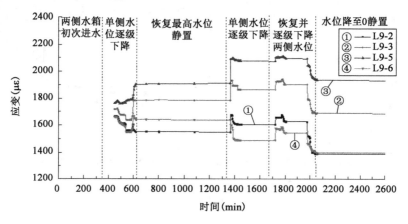

图 4-17　L9 应变时变曲线

此外,当同时下降两侧水位时,土体的应变又随着水位的逐级下降而逐级恢复,也就是说土层的变形随着两侧水位的降低逐渐恢复,图中 L9-2 与 L9-6 最终阶段曲线趋于重合,而这两个监测点在空间位置上是关于中心轴对称的,这也反映了土层变形的规律性,与洞口距离相近的点具有相似的变化。从孔隙水位升降的过程中,土体发生了一系列的吸水膨胀与失水回弹,而在这个过程中,由掉落的岩土体量与应变时变曲线可以看出,此时溶洞上方的土体还较稳定,土洞尚未形成,仅有少量清水从下方溶洞滴落。

(3) 高度 70cm 处土体应变时变曲线分析

高度 70cm 处土体在第四系孔隙水位升降下的应变时变曲线如图 4-18 ~ 图 4-20 所示,从整体上来看,该层各点处的应变变化规律保持着较高的一致性,但应变值的大小却存在较大的差距,其中最大可达 3000με,而最小处仅为 500με。产生较大微应变的地方基本是靠近洞口上方的岩土体,而距离洞口最远的点所产生的应变则最小,这说明随着土层高度的增加,土体内的差异沉降越来越明显,总体呈现出四周向中间凹陷的趋势。同时,对比三张图可以看出,该层土体内部存在不对称的应变分布,其中一个端头处土体的应变值往往都是最小的,而另外一个端头处监测到的土体应变值可以达到 2000με,存在明显的差异,可能是由于应变较大端的土体存在薄弱带,在孔隙水压力的作用下,土体容

111

易产生变形。

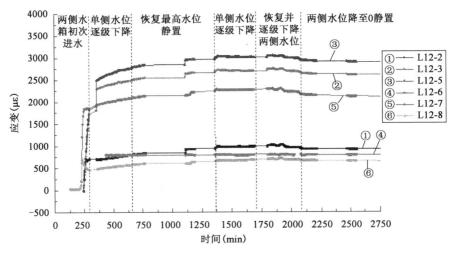

图 4-18　L12 应变时变曲线

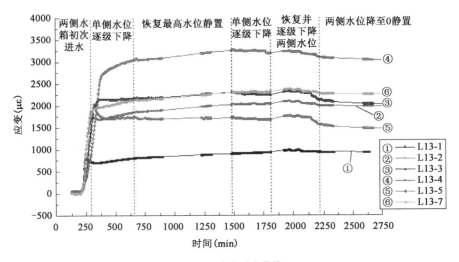

图 4-19　L13 应变时变曲线

水位下降时,由于土体内部水位差产生水力坡度,土体的有效应力增加,土层附加荷载增加,土层产生固结变形,土体的微变量增加;同时可以发现土体变形主要是发生在地下水位下降的瞬间,此时地下水对土体的牵引力,使得土体产生较大的沉降,当水位稳定后,土层达到稳定状态,恢复水位至起始水位(88cm)后,再次降低两侧水箱的水位,可以发现,此次土体的变形量相对第一次水位下降,土层的变形量减小。土层内部监测点的土体变形大小与土洞的距离基本成正比,而位于土洞南北两侧的监测点由于与两侧水箱存在较好的水力联系,所以土体变形受水箱水位影响较大,基本趋势呈现至西向东,土体应变值逐渐减少的趋势。同时从监测点位分布图可以看出,位于土洞西侧的土体监测点变形值普遍大于位于土洞东侧的土体,以此推测,上覆盖层位于土洞西侧的土体存在薄弱带,在第四系孔隙水位的作用下,土体结构性遭到一定的破坏,使得此方位的土体对地下水位变化的响应比较敏感,以此,可以预测最终土体发生塌陷的区域可能位于临近土洞西侧方位。

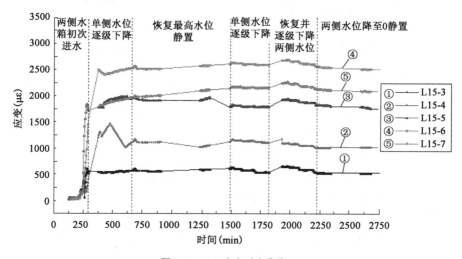

图 4-20　L15 应变时变曲线

2) 岩溶地下水升降作用

(1) 高度 10cm 处土体应变时变曲线

如图 4-21 所示,水泵向岩溶通道进水,模拟岩溶水位迅速上升的工况条件,可以发现光纤 L1 处(东西向,位于土洞北侧 0.4m)土体地下水处于承压状态,由于岩溶水对覆盖层土体产生顶托作用,所以上覆土层产生了较大的应变,当停止泵水时,土体应变达到稳定状态。此时将南侧水箱和岩溶管道连通,使得层位为 10cm 处土体处于 88cm 的水头作用下,对土体进一步产生顶托作用,土体应变继续增大;岩溶水位稳定在 88cm 时,土体保持稳定。在进行第一次降水,即通过岩溶管道系统的排泥口进行降水时,发现土体仅产生微小的应变,说明前期第四系孔隙水位变化并没有对此处的土层产生较大的破坏,土体的稳定性较好,能够在潜蚀和真空吸蚀的共同作用下保持较好的稳定性,之后提升水位至原水位 88cm,反复 8 次模拟岩溶水位骤降。结果显示,在岩溶水位反复波动的情况下,土体的结构完整性不断遭到破坏,土体的变形量在不断增加。

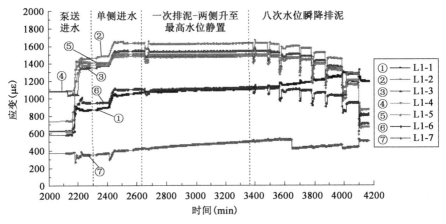

图 4-21 L1 应变时变曲线

如图 4-22 所示，光纤 L3（东西向埋设）由于处在溶洞正上方，且距离洞口垂直距离仅 10cm，该光纤埋设的周边土体在岩溶地下水作用下最容易发生失稳破坏现象，所以在水泵泵水时应变发生了波动性突变，土体产生了一定的沉降。在后续反复岩溶水位波动的情况下，土体结构性破坏加剧，覆盖层不断产生新的沉降，且土体破坏具有累进性破坏特征。光纤 L3 的 6 号点位在后期降排水过程中表现出不同于其他点位的应变变化规律，应变在水位骤降时呈断崖式激增，说明此处的光纤监测点可能已经在反复的排水过程中损坏，使得捕捉到的应变异于常规数值。以此可以推测，此处有可能为最终的塌陷点发生地，最终的试验结果也验证了这一猜测的正确性。

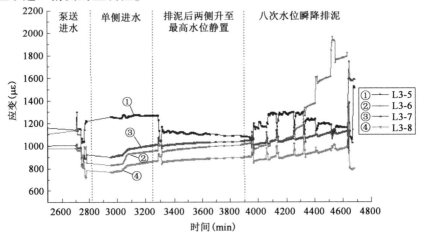

图 4-22 L3 应变时变曲线

从 10cm 层位的监测点分布图可以发现,光纤的微应变基本呈现覆盖层中心位置的微应变大、两侧微应变小的特征,应变变化规律基本表现为以溶洞位置为中轴线的对称分布,进一步证明了土体的变形大小与土洞的位置密切相关。总体表现为:同一层位,离洞口距离较近的土层变形大,远离土洞的土层变形小。

(2)高度 40cm 处土体应变时变曲线

40cm 层位的光纤监测点应变值的大小随地下水位波动而变化的规律基本同光纤 L3 数据结果相类似(图 4-23、图 4-24),但由于该层位距离溶洞较远,在水位循环升降的过程中,土体应变对水位升降响应幅度不及 10cm 层位的岩土体。在水泵泵水时或岩溶管道与两侧水箱相连接时,岩溶水对土体的顶托作用,造成光纤有较大的微应变,后期的岩溶降水过程,也总体上呈现随着岩溶水位的降低,上覆盖层土体发生沉降的规律。在整个过程中,岩溶水位对土体的顶托作用比较明显,总体上监测点数据的分布规律也是以南北向中轴为对称轴,中部最大,东西侧监测点离洞口位置越远,土体应变越小。

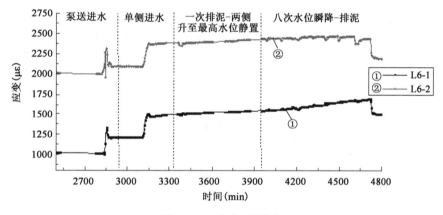

图 4-23 L6 应变时变曲线

从整体上看,与 10cm 层位的土体应变值相比,40cm 层位土体平均可发生应变 1800με,相比 10cm 层位土体平均 1000με,该层位光纤应变值有很大程度的提高,说明覆盖层在岩溶水位作用下发生了一定规模的沉降,且层位越高沉降量越大。

(3)高度 70cm 处土体应变时变曲线

70cm 层位处的土体在岩溶水顶托土体或者整个岩溶水位波动过程中,光纤的应变值都只是呈现出小幅度的波动(图 4-25~图 4-27),整个试验过程中,土体对岩溶水位变化的响应比较微弱,但是由于土体的破坏具有累进性破坏特征,因此在该层位的土体监测到的应变值是三组中最大的,即 70cm 层位土体的变形与其他两个层位相比是最大的,说明在同一铅垂面上,土体所处层位越高沉降量越大。值得注意的是,溶洞西侧光纤应变值比东侧光纤应变值略大,说明覆盖层内部应力分布并非均匀对称,西侧土体受到的应力相对更大;最终在地表发生塌陷时,发现塌陷坑中心并不位于溶洞正上方,而是更靠西侧,且西侧塌陷坑扩展的幅度会更大一些,土体张拉裂隙也更发育。

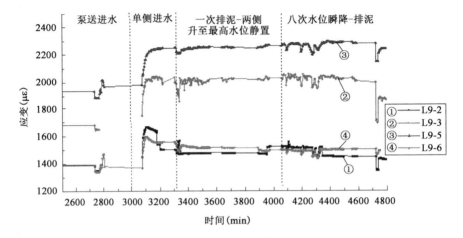

图 4-24 L9 应变时变曲线

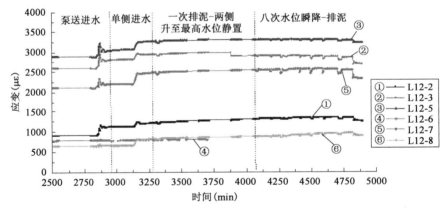

图 4-25 L12 应变时变曲线

3)覆盖型岩溶致塌演化分析

选取试验中八个时刻,绘制光栅串在该时刻下的应变曲线如图 4-28 所示。该曲线直观显示了覆盖层纵剖面上的应变变化过程,同时对比在同一水平面上,土体距溶洞的距离对土层应变的影响(溶洞中心位于横坐标 60cm 处)。

第4章 岩溶土洞塌陷判据及监测预警

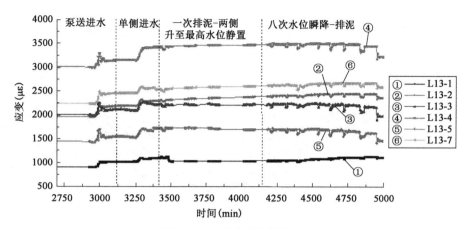

图 4-26 L13 应变时变曲线

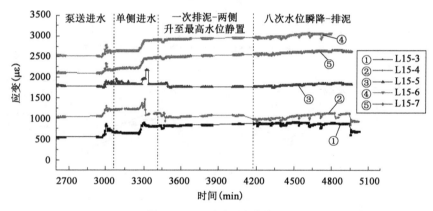

图 4-27 L15 应变时变曲线

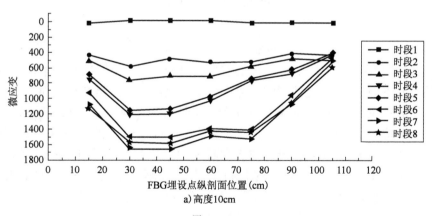

a) 高度10cm

图 4-28

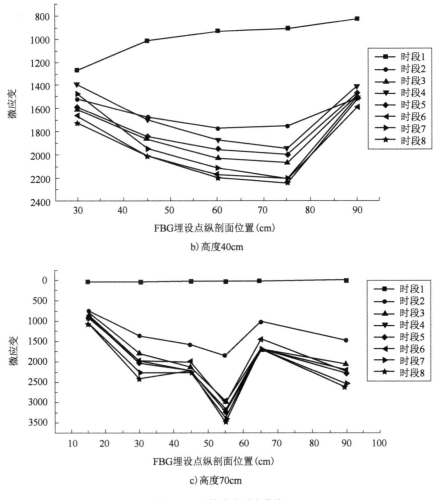

图 4-28 土体应变时变曲线

三幅应变时变曲线图显示，土层应变随着岩溶水位骤降次数的增加而变大，在同一水平面上，越靠近溶洞的土体产生的应变值越大。但在竖直面上，却呈现土体所处层位越高，产生的应变值越大。这是由于上覆土体在水位骤降后土体内部有效应力增大更显著，土体产生了更大的压缩变形，同时岩溶水位的骤降使土体丧失浮托力，并受到渗流力与真空吸力的下拉作用，土层进一步压缩，溶洞上部土体在渗流力与真空吸力的共同作用下，逐渐开始发生破坏，并随水流掉落。在水位稳定状态时，覆盖层土体应变、孔隙水压力以及沉降等数值趋于稳定基本无变化，仅在水位骤降时发生较明显的波动。

4.3 岩溶塌陷野外监测

岩溶塌陷野外监测主要包含3个对象:覆盖层土体、可溶岩和诱发因素。在自然条件下,可溶岩受地下水的溶蚀作用速度十分缓慢,通常要经历漫长的时间才能够形成溶隙、溶孔、溶洞等岩溶现象,对于短期的工程寿命而言,其造成的影响可以忽略不计。因此,在实际的岩溶塌陷监测中,覆盖层土体及诱发因素才是最主要的监测对象。

根据上述思路,结合研究区岩溶塌陷的分布和发育特征,选择某一代表性塌陷区作为岩溶塌陷示范区开展长期监测项目,主要针对示范区覆盖层土体的形变特征及致塌影响因素如水气压、降雨等进行动态监测,以期通过监测手段实时掌握岩溶土洞的发展演化阶段,为后续预防和治理工作提供参考依据。

4.3.1 示范区概况

樟坑自然村位于龙岩市永定区培丰镇,交通较为便利,有乡村硬化公路通过村庄东侧,区域上位于博平岭山脉西侧,博平岭山脉自北东新罗区的小池及适中向西南自永定区龙潭、培丰延伸,地貌上以中低山为主,是汀江、九龙江水系分水岭。从2014年下半年开始,樟坑自然村陆续出现地质灾害险情,如地面沉降开裂、凹凸不平、房屋基础下沉、墙体倾斜、建筑材料裂损、变形破坏等;2015年2月24日凌晨,村内福兴楼东院门厅突然发生地面塌陷,部分基础沉陷、墙体断裂,福兴楼顷刻之间成为"危房",并于2015年5月18日发生倒塌。福兴楼地面塌陷特征如图4-29所示。

4.3.2 示范区地质环境条件

1)地形地貌

樟坑自然村在地形上属山间小盆地岩溶地貌(图4-30),地面高程500~530m,盆地内东北高西南低,总体呈不规则的狭长梭状,面积约300m×60m。中部发育溪沟,自北往南径流,溪沟两侧一级阶地零散分布原民居及阶坎状农田、旱地,多种植水稻及青菜,周侧由低山、丘陵环抱,山间植被茂密,分布数个停采或在采石灰岩矿山。

2)气象水文

樟坑自然村四季温暖湿润,雨量充沛,降水集中,年均降水量约1751mm,降水季节分布不均,3~4月为春雨季,平均降雨量317.5mm,5~6月为梅雨季,平均降雨量473.2mm,7~9月为台风雷雨季,平均降雨量477.8m,每年3~9月是地质灾害多发季节。村中溪沟宽 1.5~2m,深 1.5m,平常流量约 20L/s,雨季最大山洪接近漫溢溪沟,流量可达 2m³/s。

图 4-29　福兴楼地面塌陷特征

3)地质构造

樟坑自然村位于东西向、南北向构造体系的南东部,断裂构造非常发育。区内主要见两条北东向断裂(F_1、F_2)和一条东西向断裂(F_3),导水性强,平面上呈山字形排列,分别位于自然村北部和南部(图 4-31)。

图 4-30　示范区俯瞰图

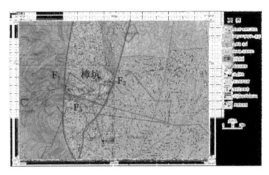

图 4-31　示范区地质构造示意图

4) 地层岩性

依据钻探揭露,樟坑示范区内主要为第四系人工堆积、冲洪积及残坡积土层,以及细碎屑岩、灰岩的风化岩层。地层由上而下分布有:素填土层、砾卵石层、含角砾粉质黏土层、泥质粉砂岩层、灰岩层。其中,覆盖层土体主要为含角砾粉质黏土,呈浅黄色,略具光泽,韧性中等,干强度中等,厚度 0~29.2m 不等。

4.3.3 监测方案

1) 监测内容

以福兴楼前原有的水位监测孔 CK1 为中心,结合已埋设的 ZK1、ZK2 钻孔(前期勘察所布),布设 3 条剖面线(图 4-32),在考虑降雨影响的情况下,分别监测各条测线上地下水位随降雨量的变化情况,以及土体孔隙水气压力、分层沉降位移等指标随水位变化情况。

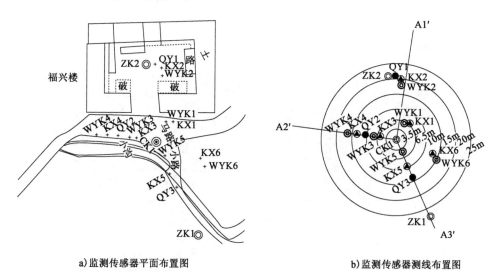

a) 监测传感器平面布置图　　　　b) 监测传感器测线布置图

图 4-32　示范区监测仪器布置图

其中:ZK——已有钻孔;

CK——已有水位监测孔;

QY——水气压监测孔,一孔埋设一支水气压力计;

KX——孔隙水压力监测孔,一孔埋设一支孔隙水压力计;

WYK——位移监测孔,一孔按埋深分别埋设三支位移计;

A1′测线:有限边界,大多传感器在福兴楼内布设;

A2′测线:自由边界,大多传感器沿路边线状布设;

A3′测线:自由边界,大多传感器沿河边小路布设。

2)监测传感器布设

由于各传感器预期埋深、回填方式不同,且为了避免一孔内多种传感器间相互影响,因而采用独立布孔的方法,将各类型传感器分开埋设,共布设 15 个监测孔,埋设 3 种不同传感器,分别为孔隙水压力计(6 个)、水气压力计(3 个)、多点位移计(6 个)。根据试验方案,沿三条测线分别布设 2 个孔隙水压力计孔、2 个多点位移计孔、1 个水气压力计孔。此外,选一开阔地带布设一只雨量筒监测雨量。各类型传感器参数及样式如表 4-5 和图 4-33 所示。

传感器主要参数　　　　表 4-5

名　　称	型　　号	外径(mm)	长度(mm)	量　　程
孔隙水压力计	VMP-1	24	120	0～1000kPa
雨量计	YH07-A01	230	680	0～4mm/min
水气压力计	YH04-D03	26	200	-100～300kPa
多点位移计	VMM-100	24	300	0～100mm

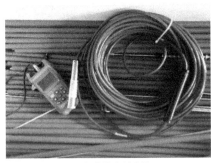

a)孔隙水压力计

b)水气压力计

c)多点位移计

d)雨量计

图 4-33　传感器样式图

在平面上,为了获得某一个监测点尽可能多的监测数据,使得数据更具有代表性和说服力,将两种或三种传感器集中埋设,间距在 3m 以内。原则上基于空腔内气压变化较为明显的考虑,一旦发现孔中有土洞的存在,优先埋设水气压力计,做好封闭措施,再进行其他孔的钻探和埋设。此外,为了尽量避免出现塌孔和沉渣现象,在钻孔过程中一旦出现塌孔征兆,必有套管跟进,且在钻孔结束后及时埋设监测传感器,以达到预期深度。

按照试验要求,本次监测对象主要关注孔隙水气压力、分层沉降位移等指标的变化,因而所埋设的监测传感器具有一定的针对性,如孔隙水压力计应尽量置于土—岩接触面,才能更完整地反映水压的变化;水气压力计应尽量置于土洞空腔内,若在钻孔中未发现土洞,由于土洞一般存在于土—岩接触面,也应尽量靠近岩面;而多点位移计主要与土层种类有关,根据前期勘察资料,按照覆盖层三种不同土体进行分层,埋设深度分别为 5m、10m、15m,钻孔深度为 18m。不同传感器相应的回填方式也不尽相同,孔隙水压力计、扬压力计、水气压力计等传感器周围回填中粗砂以保证水和气能够顺畅通过,接着再回填黄土球和填土;而多点位移计则恰好相反,为了能够在初始状态下固定于土中而不下沉,需用黄土球进行包裹回填,黄土球在浸水后吸水膨胀,能够形成良好的密实作用。各类传感器预期埋设位置和回填材料顺序如图 4-34 所示。

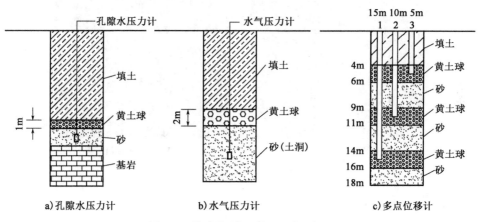

图 4-34 传感器预期埋设及回填示意图

但在实际作业过程中会出现许多问题,如由于塌孔缩孔来不及下套管、孔底清孔不充分导致沉渣堆积,或者在回填过程中虽有用工具进行压实但仍然不能充分固结等,部分传感器的埋设深度并不能达到预期深度和预期效果,因而需要根据实际情况进行相应调整。

将传感器置于指定位置后,先用人工测读仪进行读数以确定仪器是否运行正常,然后进行回填,再接入对应的数据采集箱,以达到能够进行自动化监测预警的预期目标。由于传感器传输信号不同,一部分传感器采用振弦式信号,另一部分采用数字式信号,因而需要两套自动化数据采集箱进行匹配(前期未曾考虑到该情况,部分数据有些滞后),采集箱的主要参数如表4-6所示。接着将传感器接入采集箱中(图4-35),通过预设的时间间隔将数据连续上传到监测软件及网站上,实时动态记录监测数据的变化,从而实现全天候、全时段、全方位远程自动化监测的效果。

采集箱主要参数　　　　　　　　　　　　　　　表4-6

型　号	通道数	信号格式	规格尺寸			供电方式
			长(mm)	宽(mm)	高(mm)	
BSU(EI)	4	振弦	180	140	85	太阳能,AC220V
YH8000	32	数字	682	450	221	

a) BSU(EI)采集箱　　　　　　　　b) YH8000采集箱

图4-35　自动化数据采集

4.3.4　监测数据分析

1)降雨量特征

樟坑自然村示范区降雨量监测点从2019年1月份开始安装,布置在空旷水泥地上,周围无遮挡,完整监测了9个月,运行一切正常。从图4-36中可以看到,截至9月份,2019年的降雨量相比以往均值要少得多,最大降雨量不超过250mm,且最大降雨月份出现在6月份,而非往常的7~9月份。出现这种情况的原因主要与今年台风多避过福建省有关,这也导致了9月份一直处于持续高温状态,降雨量仅有11.8mm。但从整体上来看,与以往类似,降雨仍多集中于3~4月的春雨季、5~6月的梅雨季以及7~9月的台风雷雨季,而在这之后,降雨将逐渐减少,进入一段时间的枯水期。

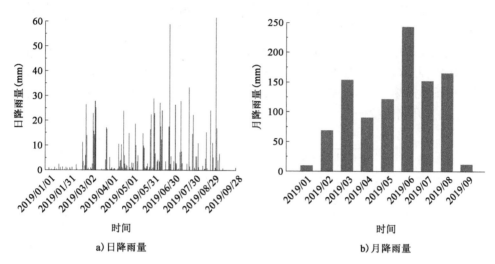

a) 日降雨量　　　　　　　　　　　　b) 月降雨量

图4-36　示范区降雨量柱状图

2) 地下水动态变化特征

在岩溶塌陷灾害发生后,示范区周边的采石矿多已停止开采,前期所开挖的矿坑也已回填(图4-37),致使地下水位上升20多米,逐渐恢复到开挖前的初始水位。排除了最大的人为诱发因素后,目前地下水的动态变化大多与自身和自然因素有关,尤其是与降雨量的大小息息相关。

a) 矿坑回填前　　　　　　　　　　　b) 矿坑回填后

图4-37　地下水位恢复

孔隙水压力变化曲线如图 4-38 所示。图中显示孔隙水压力随降雨量呈现锯齿状变化,最大变化值为 45.7kPa。并且孔隙水压力具有时间滞后性,表现为降雨一段时间后孔压才有显著变化。同时,从整个过程来看,各监测点的孔隙水压力响应速度及变化趋势基本一致,随着降雨的发生、结束而逐渐上升和下降,但各点的变化幅度却不尽相同,相互间孔压的差异值在 0～18kPa 之间,出现这种较大的差异一是与溪沟的距离及位置有关:处于溪沟中段且与溪沟距离越近,则地表径流作用越强,降雨后垂直入渗量越少;处于溪沟转点处,水流聚积则入渗作用更强,水位上升幅度越大。而另一种原因则是与岩溶的发育程度有关,地下岩溶洞隙越多,岩溶越发育,上下层间水力联系越强,覆盖层的储水能力就越差,水位上升幅度越低。

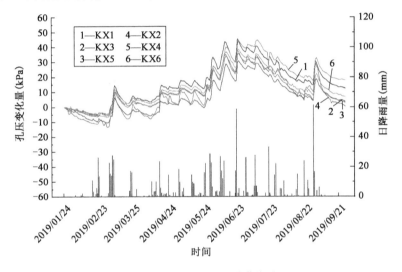

图 4-38 孔隙水压力变化曲线图

3) 水气压变化特征

水气压监测点在最初就已经完成埋设工作,但由于传输信号不匹配的缘故,直到 4 月 18 号才开始进行自动化监测。从图 4-39 中可以看到,虽然缺少前期监测数据,但后期水气压整体上的变化与单纯孔压监测数据基本一致,降雨仍是最主要的影响因素。由此可见,虽然示范区岩溶发育程度较高,但岩溶溶蚀作用仍是一个十分缓慢的过程,很难在短时间内使岩土体及地下水的状态发生改变。此外,由于增加了气压这一变量,因而曲线整体变化幅度上稍有不同,主要体现为降雨过后水气压峰值略有提高,提高范围在 0～10kPa 之间。由此可以说明,地下岩土体与大气的连通性较好,即使强降雨过后地表处于润湿饱和的状态,但土体孔隙也不能完全封闭,气体仍有向外逸散的通道,因而气压在此过程中发挥的作用并不十分明显。由于监测时间过短,不做进一步的分析,仅作为一种常规监测手段予以参考。

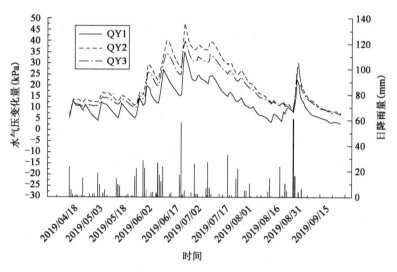

图 4-39 水气压变化曲线图

4) 土体位移变化特征

土体位移监测采用一孔多点的监测方法,尽可能将覆盖层各个土层的沉降变形情况反映出来。经过九个月的监测发现,覆盖层土体在此期间累计位移均在 $-0.002 \sim 0.004$ mm 之间,位移变化率基本为 0,属于误差影响范围之内,也就是说,土体基本上没有发生移动。推测发生该情况的原因主要有两点:一是九个月以来,水位升降的幅度、速度过小以及升降频率过低,并不能够破坏土体的内部结构,带动土体发生移动;一是目前示范区岩土体已经处于一个十分稳定的状态,地下水位已经恢复到最初水位并略有上升,在没有人为干扰的情况下,需要较长时间的反应才有可能再次发生变形和塌陷。由此也可以看出,岩溶塌陷的监测是一项十分漫长的工作,需要花费大量的时间与精力去经营与维护,但通过监测能够掌握岩溶塌陷的全部过程,这对于岩溶塌陷演化机理及后续预防措施的研究具有很大的价值和意义。

第5章 岩溶土洞泡沫混凝土充填治理技术

目前,在岩溶塌陷预防治理方面,常用的方法有提前规避法、清除回填法、工程跨越法、强夯法、深基础法等。但如果能够提前探明岩溶土洞的深度及位置,最直接的方法是对土洞进行处理,即注浆法,利用混凝土对土洞进行充填,在抑制土洞裂隙扩展的同时,强化土洞内部及周边土体的强度,能够最大化地防止岩溶塌陷的发生。但土洞往往发育于水面之下,地下水的渗流作用很大程度上影响着混凝土浆液的黏稠度和固结度,常规的混凝土通常难以满足要求,因此有学者提出在混凝土浆液中添加一定比例的发泡剂溶液,形成所谓的泡沫混凝土新型材料。这一材料不仅在强度和流动性上有更优越的表现,而且无毒无害、环保经济,作为地下洞隙充填材料十分适宜。因此,本章主要围绕泡沫混凝土的性能和应用展开研究,通过室内试验和现场测试加以详细说明。

5.1 岩溶土洞泡沫混凝土充填效果试验研究

在设计制作了室内模拟注浆充填试验模型箱的基础上,进行室内模拟岩溶土洞泡沫混凝土注浆充填试验,并对养护后的注浆体进行强度测试,据此观察和分析岩溶富水条件下泡沫混凝土充填覆盖型岩溶土洞的效果。

5.1.1 试验方案及流程

所用的模型试验箱如图 5-1 所示,尺寸为 0.9m(长)×0.5m(宽)×0.7m(高),主要由水箱、水位控制器、亚克力透水板、隔水板组成,底部高度 20cm 处两侧预留可抽取的圆形亚克力板,用于伸入聚氯乙烯(PVC)管模拟岩溶土洞。

室内注浆充填试验一共进行 5 次,为了满足试验中高水位的要求,试验最后的平衡水位超过模拟溶洞的洞顶高程,最终平衡水位为 0.4m(以模型箱底面为基准面)。5 次试验采用不同大小的水头差($\Delta h = 0\text{m}, 0.5\text{m}, 1.0\text{m}, 1.5\text{m}$

图 5-1 模型试验箱

和 2.0m),即形成不同大小的水力梯度($i=0,1,2,3,4$)。由于模拟溶洞的体积不大,因此试验中采用手摇式注浆机进行注浆,注浆压力为 0.1MPa。

室内注浆充填试验的具体流程如下:晒(晾)土→填土→基本试验(测土体密度、含水率)→施加水头→注浆充填溶洞→取出注浆体→加工注浆体→室内单轴压缩试验。其中,采用抽条法来制造土洞,即利用 4 根 ϕ4cm 和 4 根 ϕ2.5cm 的 PVC 管捆扎成一个接近 ϕ10cm 的柱体(图 5-2),从预留的圆形板中伸入,再将土体填筑(填筑总高度 45cm)和夯实,最后抽出形成土洞。

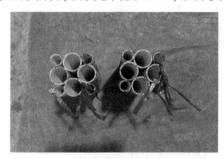 

图 5-2　PVC 管绑扎柱体模拟土洞过程

5.1.2　泡沫混凝土的制备

土体夯实稳定后,将 8 根用于制造岩溶土洞的 PVC 管抽出,因洞顶的部分虚土会掉落,需清除掉落在洞底的虚土。先行试验的结果表明,若加水至设计稳定水位 24h,则沉积在洞底的虚土高度约占洞高的 1/3,48h,则沉积在洞底的虚土高度将达到洞高的 1/2,影响后续的注浆充填试验以及注浆体的取芯。因此,试验中遵循的流程是土体基本稳定后,抽出用于制洞的 PVC 管,清除洞底虚土,盖上预留洞口的盖子,接着制备泡沫混凝土,待泡沫混凝土制备完成后,再施加水头条件,最后进行注浆。

本试验中,泡沫混凝土的配比由福建省建筑科学研究院提供,各种材料的配比详见表 5-1。

制备泡沫混凝土所用材料及配比　　　　表 5-1

材料	水泥(kg)	水(kg)	纤维素醚(g)	减水剂(g)
配比	10	4.5	25	50

注:1. 表中为制备 10L 泡沫混凝土成品所需材料用量及其配比。
　　2. 表中未列出发泡剂的用量及配比。因室内试验中用于制备泡沫混凝土的并非集发泡和搅拌为一体的机器,所以发泡剂的准确用量无法给出。
　　3. 福建省建筑科学研究院提供的配比中,纤维素醚的用量为 50g,但在先行试验中发现,依此用量制备的泡沫混凝土稠度太大,手摇式注浆机的进浆口无法吸入浆液,因此将纤维素醚的用量减半为 25g。

制备泡沫混凝土时,使用的水泥为复合硅酸盐水泥 P.O 42.5,增稠剂为 20 万黏度的羟丙基甲基纤维素醚(型号 HPMC),减水剂为液体均衡型聚羧酸系高性能减水剂(型号 PCAQ8081),发泡剂为复合发泡剂(型号 MS-1,福建省建筑科学研究院研发生产)。配制发泡溶液时,发泡剂和水的配比为 1:40。

室内制备泡沫混凝土使用的机器有发泡机和搅拌机。发泡机型号 FP-18A,标称产泡量为 12m³/h。单卧轴强制式混凝土搅拌机型号 HJW-60,最大出料容量为 66L,搅拌机转速为 48r/min。发泡机和搅拌机详见图 5-3。

a) 单卧轴强制式搅拌机

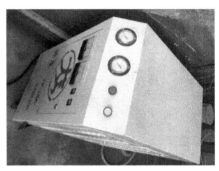
b) FP-18A 型发泡机

图 5-3 搅拌机及发泡机

试验中制备泡沫混凝土的具体步骤如下:

(1)称取适量纤维素醚、减水剂、水泥和水。

(2)将称量后的纤维素醚和水泥均匀地搅拌在一起。

(3)启动搅拌机,每次使用搅拌机时应先往搅拌桶内加少量的水润湿桶壁,再倒入称量好的水,同时均匀倒入适量减水剂,搅拌 3~5min。接着倒入与纤维素醚搅拌均匀的水泥,盖上搅拌桶,开启搅拌机,搅拌 6min。与此同时,另取干净的水桶,称取 8kg 水,依据发泡剂:水 = 1:40 的比例称取发泡剂 200g,将其倒入水中搅拌均匀制成发泡溶液。启动发泡机,再取一只干净的桶,用于盛放发泡机产生的泡沫。发泡机启动工作后约 30s~1min 的时间内产生的泡沫中含水率较高,不宜使用,待产出的泡沫绵密厚重呈奶油状质地时把出泡管伸入桶中[图 5-4a)]。泡沫填满水桶时关闭发泡机。

(4)关闭搅拌机,将绵密的泡沫装入搅拌桶内,均匀铺开,然后启动搅拌机。

(5)搅拌 6min 后,用 1L 的定容塑料量筒取 1L 泡沫混凝土,称重,试验中泡沫混凝土的预期密度为 1200kg/m³,由于分体式的制备方式,只能尽量达到这个密度。在搅拌桶内三个不同位置分别取样称重,并做好数据记录,取其平均值。若平均密度值接近 1200kg/m³,则关闭搅拌机,准备注浆;若平均密度大于

1200kg/m³，则重新制备泡沫，再将其加入泡沫混凝土浆液中，如此反复，直到测得密度与预期密度接近。因试验室中制备的泡沫容易塌缩破灭，因此添加泡沫时应少量多次。若加入泡沫的量过多易导致密度远小于1200kg/m³，只能重新制备泡沫混凝土。发泡机制备的泡沫及搅拌机搅拌的泡沫混凝土见图5-4。

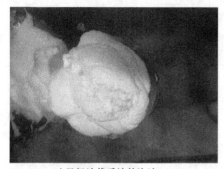 

a) 呈奶油状质地的泡沫　　　　　　b) 搅拌机搅拌泡沫混凝土

图5-4　泡沫混凝土的制备

(6) 泡沫混凝土制备完成后，需预留制备混凝土试块，本试验中使用的试模为100mm×100mm×100mm的三联塑料试模，塑料试模见图5-5。每次注浆试验留置三块混凝土试块，泡沫混凝土倒入试模前应将试模内壁均匀刷上润滑物质，本试验中涂抹凡士林以便后续拆模。剪裁小纸片封住试模底部的小孔，避免泡沫混凝土浆液从小孔处漏失。历次注浆试验留置的泡沫混凝土标准试块如图5-6所示。

图5-5　工程塑料试模

a) 第二次注浆试验留置的泡沫混凝土块

图　5-6

131

b) 第三次注浆试验留置的泡沫混凝土块

c) 第四次注浆试验留置的泡沫混凝土块

d) 第五次注浆试验留置的泡沫混凝土块

e) 第六次注浆试验留置的泡沫混凝土块

图 5-6　第一组历次注浆试验留置的泡沫混凝土试块

5.1.3 施加水头条件及注浆

制备泡沫混凝土后,将其装入棕色牛筋桶内备用。接着开始设置土体施加水头条件,开启小型变频水泵并记录加水的时刻,待左侧水箱水位快接近20cm(模拟岩溶土洞洞底高程)时,将右侧水箱加水至20cm。这样操作的原因是由于试验用土的渗透系数较小,水流渗透较慢,整个注浆过程时间不长,水流无法从左侧水箱渗透到右侧水箱。随后安置手摇式注浆机,准备注浆,记录注浆开始的时刻。室内模拟注浆试验所用仪器如图5-7所示。

a) 小型变频水泵　　　　　　b) 小型手摇式注浆机

图 5-7 室内模拟注浆试验所用仪器

注浆作业过程中,由于缺乏经验,第一次注浆失败。从第二次注浆试验开始,注浆作业第1min内,手摇式注浆机出浆口泵出的泡沫混凝土浆液不可用。每次注浆试验后,均应清洗手摇式注浆机3min左右。注浆作业过程中需时刻观察压力表,以保证每一次泵送的压力均在0.1MPa左右。注浆作业以三根预留的注浆管出现返浆现象为结束标志。但预留注浆管出现返浆现象后,不能立即停止注浆,还应再持续注浆5min左右,避免返出的浆液中泡沫太多。注浆作业结束时记录下注浆完成的时刻并及时清洗手摇式注浆机,避免浆液硬化导致清理不彻底而损坏注浆机。注浆作业见图5-8。

5.1.4 注浆体取出并制备标准试件

一次注浆试验的持续时间为5~7d。待泡沫混凝土基本硬化后(3~4d),即可开挖土体,取出注浆体。但在取出注浆体前,需测量注浆体的尺寸。注浆体在模型箱中的形态见图5-9。

完成注浆体相关的尺寸测量工作后,取出注浆体,测量注浆体的质量和体积,并计算出注浆体的密度。采用排水法测量体积,即将注浆体置入装满水的水桶中,然后取出注浆体,溢出水的体积,即为注浆体的体积。由于试验中制造的土洞空腔并非标准的圆柱体,其体积不易算出,因此认为注浆体的体积和注浆时消耗的泡沫混凝土浆液体积的比值即为填充率。

图 5-8 室内模拟岩溶土洞注浆作业

a) $\Delta H=0m(i=0)$ b) $\Delta H=0.5m(i=1)$

c) $\Delta H=1.0m(i=2)$ d) $\Delta H=1.5m(i=3)$

图 5-9

第5章 岩溶土洞泡沫混凝土充填治理技术

e) $\Delta H=2\mathrm{m}(i=4)$

图 5-9 历次注浆试验注浆体的形态

将取出的注浆体置于标准的养护条件(20℃±2℃,湿度不小于95%)下养护3~4d后,进行切割取芯。试验室用于切割注浆体将其加工成标准试件的机器有自动岩石切割机(型号 DQ-1A)、岩芯钻取机(型号 HBZQ-150)和双端面磨石机(型号 SHM-200),见图5-10。

a) 自动岩石切割机

b) 双端面磨石机

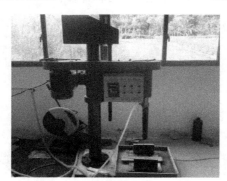

c) 岩芯钻取机

图 5-10 标准试件的切割和打磨机械

135

利用上述 3 台机器将注浆体切割制备成 3~4 个标准试件。注意：由于泡沫混凝土充填不够均匀以及模拟岩溶土洞洞顶虚土的掉落，有可能导致注浆体某些部位含土量较多，使得切割及取芯步骤无法进行，不能加工成可用的单轴试验试件。历次注浆试验注浆体经切割取芯后形成的标准试件见图 5-11。

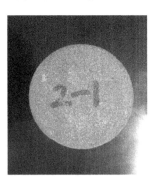

a) 第二次试验注浆体标准试件

b) 第三次试验注浆体标准试件

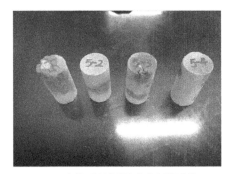

c) 第四次试验注浆体标准试件　　　　d) 第五次试验注浆体标准试件

图 5-11

第 5 章 岩溶土洞泡沫混凝土充填治理技术

e)第六次试验注浆体标准试件

图 5-11 历次注浆试验注浆体标准试件

5.1.5 室内单轴压缩试验

由注浆试验形成的注浆体加工而成的标准圆柱体试件和预留的泡沫混凝土立方体块,依照其编号依次置于标准的养护条件下,养护 7d、14d 和 28d。养护前尚需测量和记录立方体块和标准试件的尺寸和质量。

养护到指定的时间后,取出圆柱体标准试件和泡沫混凝土立方体试块进行单轴压缩试验,在进行试验前再测量一次这两种试件的质量。室内单轴压缩试验使用岩石万能试验机(型号 WAW-1000D)进行,如图 5-12 所示。

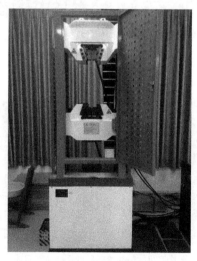

a)岩石万能试验机外观

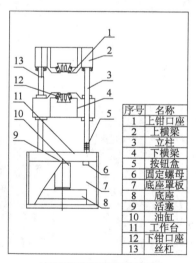

b)岩石万能试验机详细图纸

序号	名称
1	上钳口座
2	上横梁
3	立柱
4	下横梁
5	按钮盒
6	固定螺母
7	底座罩板
8	底座
9	活塞
10	油缸
11	工作台
12	下钳口座
13	丝杠

图 5-12 岩石万能试验机

137

单轴试验过程中需要注意：首先，泡沫混凝土立方体试件应选择相对平整的面作为受力面，标准圆柱体试件和泡沫混凝土立方体试件上下两个受力面需均匀涂抹凡士林。岩石万能试验机的试验台是可移动的，因此每次试验前，应先用水准尺测量试验台中央置物板的水准度，若置物板两侧的水准相差较大，则手动调整置物台到误差范围内，再放置待测试件。其次，在手动下调岩石万能试验机下横梁时，应时刻注意，试件受力面与下横梁下表面即将接触时，减慢下横梁下降的速度，直至二者接触时停止下降。检查待测试件，如果试件没有明显的错动，则开始单轴压缩试验。最后，选择岩石万能试验机的加载方式。本研究试验机配套软件中提供控制位移和控制力两种加载方式。本试验选择控制力的方式进行加载。历次试验中泡沫混凝土立方体试件和标准圆柱体试件单轴压缩试验后的形态见图5-13和图5-14。

a) 第二次试验（$\Delta H=0m$）立方体试件分别养护7d、14d、28d后进行单轴压缩试验

b) 第三次试验（$\Delta H=1.0m$）立方体试件分别养护7d、14d、28d后进行单轴压缩试验

图 5-13

c) 第四次试验(ΔH=2.0m)立方体试件分别养护7d、14d、28d后进行单轴压缩试验

d) 第五次试验(ΔH=1.5m)立方体试件分别养护7d、14d、28d后进行单轴压缩试验

e) 第六次试验(ΔH=0.5m)立方体试件分别养护7d、14d、28d后进行单轴压缩试验

图 5-13　历次注浆试验预留立方体试件单轴压缩破坏图

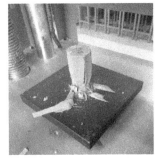

a) 第二次试验（$\Delta H=0m$）标准试件分别养护7d、14d、28d后进行单轴压缩试验

b) 第三次试验（$\Delta H=1.0m$）标准试件分别养护7d、14d、28d后进行单轴压缩试验

c) 第四次试验（$\Delta H=2.0m$）标准试件分别养护7d、14d、28d后进行单轴压缩试验

图 5-14

d) 第五次试验（ΔH=1.5m）标准试件分别养护7d、14d、28d后进行单轴压缩试验

e) 第五次试验（ΔH=0.5m）标准试件分别养护7d、14d、28d后进行单轴压缩试验

图5-14　历次注浆试验标准试件单轴压缩破坏图

5.1.6　其他试验

(1) 密度及含水率试验

在每次模型箱中试验土体堆填夯实工作完成后，需进行两个土体基本物理量——密度（ρ）和含水率（w）的测量。密度采用环刀法进行测量，含水率采用烘干法进行测量。这两项室内试验所用到的试验仪器设备及试验过程详见图5-15。

(2) 泡沫混凝土析水率(结石率)试验

浆液的析水率是指浆液在静止状态下由于水泥颗粒的沉淀作用而析出的水的比率。析水率的大小是浆液稳定性的标志。析水率的测定方法：①取1000mL搅拌均匀的水泥浆，注入有刻度的玻璃量筒内，盖上玻璃板；②每隔1～2min读记上部清水与下部沉淀液之间刻度一次，直至达到稳定标准为止；③稳定标准：连续三个读数完全相同；④析水率（以百分数表示）计算：析水率＝析出清水体积(mL)/1000(mL)；⑤一般应做两次平行试验。

a)用环刀取出土样　　　　　b)电子天平土样称重　　　　c)试验室用烘箱

图 5-15　室内环刀法测土体密度及烘干法测土体含水率

泡沫混凝土制备后,用 1L 的定容量筒留置两杯泡沫混凝土浆液,注浆试验前将一个量筒中的泡沫混凝土倒入 1L 的玻璃量筒中,盖上玻璃板,开始进行析水率试验。具体过程详见图 5-16。

图 5-16　泡沫混凝土浆液的析水率试验

从图中可以看到,试验中基本上观察不到清水析出的情形。拉长试验观测时间的间隔后发现,泡沫混凝土浆液不易析出清水,无论是每 2min 观测一次还是每 5min 观测一次,亦或是每 0.5h 观测一次,依然观察不到清水析出。说明这与泡沫混凝土制备后在浆液初凝前试验的观测时间的间隔没有关系。

5.2　岩溶土洞泡沫混凝土充填效果分析

上一节主要围绕泡沫混凝土的物理力学性质和注浆效果进行了一系列相关试验,试验的结果将在本节呈现并进行分析。首先对上一节试验进行编号以便于对比分析(T1-2～T1-6);然后将两种试件进行单轴压缩试验的结果绘制成表及曲线图进行说明;最后,本节还将对泡沫混凝土注浆充填岩溶土洞的充填率进行研究,以期通过泡沫混凝土注浆充填率与水力梯度之间的关系给实际工程应用提供理论依据与支持。

5.2.1 土体及注浆体基本参数的变化规律

(1)密度和含水率的变化特征

每次试验土体填筑作业完成后均需进行土体密度和含水率的测定,测定结果详见表5-2。

历次试验土体的密度及含水率 表5-2

试验编号	土体密度(g/cm³)	含水率(%)	水头差(m)
T1-2	1.610	24.35	0.0
T1-3	1.570	22.73	1.0
T1-4	1.680	26.19	2.0
T1-5	1.710	24.86	1.5
T1-6	1.660	24.85	0.5

(2)注浆体密度与水力梯度的关系

注浆体取出后需进行质量和体积的测量,并计算出它的密度。两组试验历次注浆体的质量、体积及由此计算出的相应参数详见表5-3。

历次试验注浆体的相关参数 表5-3

水力梯度 i	注入浆液体积 V_p (L)	注浆体体积 V_z (L)	注浆体质量(kg)	注浆体密度(kg/m³)	浆液密度(kg/m³)	密度增幅(%)	试验编号
0	5.5	5.30	8.15	1537.74	1266	121.46	T1-2
1	5.5	5.25	8.10	1542.86	1186	130.09	T1-6
2	5.3	5.15	8.40	1631.07	1164	140.13	T1-3
3	5.7	5.40	8.70	1611.11	1169	137.82	T1-5
4	5.5	3.50	5.75	1642.86	1165	141.02	T1-4

注:表中浆液密度指的是注浆前制备的泡沫混凝土密度,密度增幅指的是注浆体密度与浆液密度的比值。

从表中注浆体密度、浆液密度和密度增幅3列数据可以得到如下结论:①泡沫混凝土注浆体密度均大于浆液密度(主要与掺杂的土量有关),不同水力梯度条件下,注浆体相对于浆液的密度增幅不同;②试验中,注浆体的密度与水力梯度存在一定关系,即注浆体密度总体上随着水力梯度的增大而增大。造成该现象的原因是水力梯度越大,水的渗流作用越强,水流下渗将土洞周边的虚土带入注浆体中的量越多,使得整体的密度变得更大。

5.2.2 试件单轴抗压强度研究

泡沫混凝土预留立方体试件与加工而成的标准试件在分别养护7d、14d、28d后进行室内单轴压缩试验,试验结果如表5-4所示。

三种养护条件下各试件的单轴抗压强度　　　　表5-4

水力梯度 i	试验编号	立方体试件强度峰值(MPa)			标准试件强度峰值(MPa)		
		7d	14d	28d	7d	14d	28d
0	T1-2	5.31	8.58	7.80	13.27	13.27	25.27
1	T1-6	7.01	7.97	8.18	9.28	10.24	12.97
2	T1-3	3.65	4.25	8.63	8.43	9.07	16.03
3	T1-5	1.97	5.70	8.53	4.72	6.79	11.64
4	T1-4	2.74	5.72	8.49	7.49	5.58	9.68

从表中可以看到,随着养护时间的加长,除个别特例外,大多数试件的单轴抗压强度均有所增大,这也符合常规混凝土凝固过程中强度的变化规律。同时,在28d养护之后,可以发现立方体试件强度基本都在8MPa左右,说明此时已经达到了泡沫混凝土的最终强度,虽然由于调配过程中不可避免地会出现搅拌或沉淀不均匀的现象,导致试件前期强度变化趋势及幅度差异性较大,但最终强度值基本相同,因而可以将终值的变化范围作为该材料配比方案的强度参考区间而应用于工程之中。此外,标准试件在各养护条件下的强度峰值变化也具有一定的规律性,为了能够更直观地表述,根据表中数据绘制标准试件强度峰值变化曲线图,如图5-17所示。

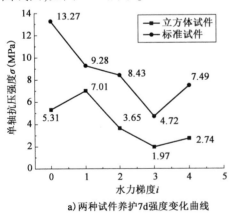

a) 两种试件养护7d强度变化曲线　　　　b) 两种试件养护14d强度变化曲线

图 5-17

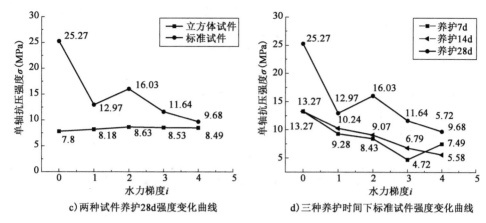

c) 两种试件养护28d强度变化曲线　　d) 三种养护时间下标准试件强度变化曲线

图 5-17　试件单轴抗压强度变化曲线图

由于两种试件受力横截面积不同,虽然图中标准试件的抗压强度要大于立方体试件,尤其在养护 28d 之后,标准试件的抗压强度是立方体试件的 3 倍之多,但抗压强度受多种因素控制,横截面尺寸的大小不可忽略,因此不做对比。除此之外,可以明显看到的是,标准试件单轴抗压强度与水力梯度整体上呈负比例关系,随着水力梯度的增大,标准试件单轴抗压强度逐渐减小,特别是在水力梯度由 0 转到 1 的区间,强度下降幅度尤其明显。究其原因,主要与水流的渗流作用有关,水力梯度的增大使得渗流作用加强,导致注浆过程中泡沫混凝土浆液不均匀混合,存在明显的薄弱环节,更易发生破坏。

前文提到,注浆体的密度是随着水力梯度的增加而增大的,一般来说,同一物体密度增加了,也就意味着其孔隙率可能更小,内部裂隙可能更少,整体也就更加完整密实。因而,从这个角度来看,似乎这一观点与单轴抗压试验的结论有所相悖。其实不然,首先,注浆体的强度和加工后的标准圆柱体试件的强度并不完全相同,局部并不能代表整体;其次,在注浆过程中,有很大一部分土体以及少量的大颗粒角砾在水的作用下混入了泡沫混凝土的浆液中,而且水力梯度越大,混入的量越多,而虚土、角砾的质量要大于泡沫混凝土,且更容易在混凝土中形成大孔隙,同时杂质的存在也影响着泡沫混凝土颗粒的黏结强度,因而最终注浆体虽然整体上密度有所增大,但抗压强度却有所减小。

5.2.3　泡沫混凝土注浆充填率与水力梯度的关系

(1) 注浆充填率与水力梯度关系的定性分析

前文已述,由于用抽条法来制造土洞,因此每次形成的土洞其可充填的体积不确定,所以试验当中为了测量土洞的体积,以注浆试验时注入的泡沫混凝土浆液的量(体积)作为土洞的体积。因此为了方便讨论充填率这个重要参数,定义充填率 μ 为注入泡沫混凝土浆液的体积与注浆体体积的比值,用式(5-1)表示。

$$\mu = \frac{注入泡沫混凝土浆液体积 V_p}{注浆体体积 V_z} \qquad (5-1)$$

经过计算,注浆试验历次泡沫混凝土浆液充填土洞的充填率如表5-5所示。为了研究注浆充填率与水力梯度之间的关系,绘制充填率 μ 随水力梯度 i 的变化曲线图,如图5-18所示。

注浆充填率一览表　　　　　　　　　　表5-5

水力梯度 i	注入浆液体积 V_p (L)	注浆体体积 V_z (L)	充填率 μ (%)	试验编号
0	5.5	5.30	96.36	T1-2
1	5.5	5.25	95.45	T1-6
2	5.3	5.15	97.17	T1-3
3	5.7	5.40	94.74	T1-5
4	5.5	3.50	63.64	T1-4

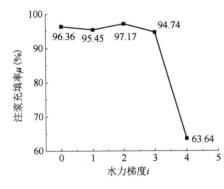

图5-18　注浆充填率 μ 随水力梯度 i 的变化曲线图

由图5-18可以看出,泡沫混凝土注浆充填率整体的趋势是随着水力梯度的增大而减小的,这与常规混凝土注浆规律一致,都会受到水流作用的影响而导致充填率下降。但与常规混凝土不同的是,泡沫混凝土在水力梯度从0增长到3的过程中仍然有非常好的注浆效果,其注浆充填率一直保持在90%以上,且大多超过95%。只有当水力梯度超过3的时候,泡沫混凝土注浆充填率才有明显下降,而且从下降的幅度和趋势来看,可以推断当水力梯度大于4时,注浆充填率将会更低,注浆效果将不再明显。

经过调查发现,研究区和大多实际工程汇总地下水水力梯度一般在0~1之间,最大不会超过2,这便意味着泡沫混凝土有非常良好的应用环境,出于经济和效益考虑,泡沫混凝土是一个非常不错的选择。

(2)注浆充填率与水力梯度关系的定量分析

为了便于应用和推广,通过建立一般数学关系式,将注浆充填率 μ 和水力梯

度 i 之间的关系联系起来,进行定量分析。根据两者关系曲线,初步判定其变化趋势更接近多项式,因此通过 origin 软件分别进行 $\mu-i$ 的二次、三次和四次拟合,根据误差分析的结果,以误差最小的拟合公式作为 μ 和 i 之间的函数关系,函数拟合分析结果见表5-6。

注浆充填率与水力梯度关系的拟合误差分析　　　　　表5-6

拟合方程:$f(i)=ai^2+bi+c$ $f(i)=ai^3+bi^2+ci+d$ $f(i)=ai^4+bi^3+ci^2+di+e$		拟合误差					相关系数
		a	b	c	d	e	R^2
$\mu=f(i)$	$\mu=-4.61i^2+11.82i+93.49$	1.91	7.98	6.73	—		0.755
	$\mu=-2.61i^3+11.04i^2-10.61i+96.62$	0.56	3.40	5.36	2.11		0.979
	$\mu=-0.74i^4+3.31i^3-3.435i^2-0.04i+96.36$	0	0	0	0	0	1

从表中可以看到,随着函数次数的增加,拟合的效果愈加良好,当函数次数为四次时,函数的相关系数已经约等于1,说明该函数拟合效果最佳。由于中间缺少部分相关水力梯度下注浆试验数据的验证,该函数还有待进一步完善。但从大的区间变化来看,该函数具有一定的参考价值和普适性。注浆充填率与水力梯度的关系可表示为:

$$\mu=-0.74i^4+3.31i^3-3.435i^2-0.04i+96.36 \quad (5-2)$$

注浆充填率 μ 和水力梯度 i 的拟合曲线如图5-19所示。

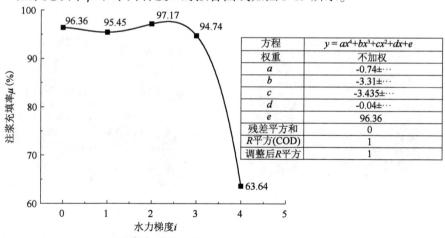

图5-19　注浆充填率 μ 与水力梯度 i 的拟合曲线

5.2.4　富水岩溶土洞泡沫混凝土注浆充填机理

室内注浆充填试验采用小型手摇式注浆泵,注浆压力控制在0.1MPa,将新型材料——泡沫混凝土泵入模拟的岩溶土洞中。在这个过程中,因为两侧水箱存在水头差,在水压力和注浆压力的共同作用下,泡沫混凝土浆液与洞壁发生碰撞,并在水流作用下发生一定分散,包裹在泡沫混凝土浆液中的微泡沫在碰撞中部分发生破裂,加之洞顶和洞侧虚土的掉入,以致最终注浆体的密度提高。

开挖模型箱中的土体,观察注浆体的形态,两端(靠近两侧透水板预留洞口的部分)呈放射状,中段相对均匀(图 5-20)。呈现这种形态的原因是:靠近两侧透水板预留洞口的位置,由于贴着透水板,因此填筑模型箱的过程中,不易压实或者压实不均匀,导致该位置密实度较低,有孔隙存在,而溶洞中段周围土体相对容易压实并且压实得相对均匀。因此注浆过程中,浆液在水流作用下往右侧洞口运动堆积同时向四周扩散,充填整个土洞,此时岩溶溶腔(土洞)中产生一定压力,浆液便往土体相对不均匀、密实度相对较低、存在缝隙的端部渗入。注浆体经过切割从箱体中取出后,清理整个注浆体表面时发现,注浆体周围覆盖有一层薄土,这层薄土几乎与注浆体结合为一体。这层相对致密又与注浆体紧密结合的土层的存在体现了泡沫混凝土浆液充填土洞过程中呈现出渗透注浆的特点。采用抽条法形成的土洞,其截面的理论面积约为 $7.503 \times 10^{-3} m^2$,因此注浆体(长度为50cm)的体积约为 3.75L。由表 5-5 可知,除了 T1-4(第一组第四次注浆试验)形成注浆体的体积为 3.5L,小于该理论值外,其余注浆体的体积均超过 5.0L,大于该理论值。结合注浆体的形态,其中段有膨胀鼓出的现象,因此可以推测,其注浆过程中浆液挤压侧壁,使得土洞的体积增大。

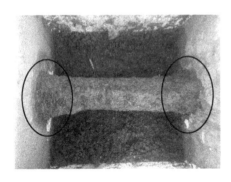 

图 5-20　试验注浆体形态

综上,分析注浆体的形态特征,泡沫混凝土充填岩溶土洞的过程中,充填整个岩溶(溶腔)土洞,渗入土体存在的孔隙中,并在一定程度上挤压土洞侧壁,最终同洞顶和洞侧掉落进泡沫混凝土浆液中的虚土一起形成了注浆体。浆液注入后,其运动状况如图 5-21 所示。

5.2.5 对现场施工的建议

由于诸如室内物理试验箱尺寸、注浆材料及配比的调试,以及水动力条件的简化、注浆压力偏小等试验条件的局限性,因此试验所得结果若要应用到实际工程中,仍需大量现场试验的验证。现对现场施工提出如下建议:

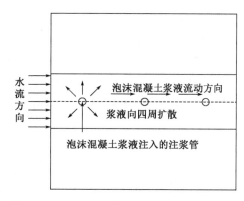

图 5-21 泡沫混凝土浆液在土洞中的运动

(1)注浆作业前应进行先行试验。尤其当水力梯度较大时,更应进行先行试验。验证水力梯度较大($i>4$)时,使用泡沫混凝土注浆的可行性——是否出现试验室当中充填率发生锐减的情况。实际工程中,水力梯度比较小,一般不会大于 1,而根据室内试验的结果拟合出的充填率和水力梯度之间关系来分析,在水力梯度小于 1 时,充填效果良好(充填率>95%),现场试验也需验证,在同等的水力条件下,是否能达到试验室的充填率。

(2)注浆时应选取合理的注浆压力。室内试验过程中发现在注浆压力和水压力的双重作用下,泡沫混凝土内包裹着的泡沫可能发生破裂,泡沫破裂可能因材料配比简化造成,或因注浆压力过大造成,也可能因尺寸限制导致浆液在狭窄空间中与土洞内壁发生剧烈碰撞所致。泡沫混凝土因为泡沫的存在,注浆压力不宜过大,当注浆压力超过某个值时(这个值需要具体情况具体确定),就会使泡沫大量破裂。因此现场注浆作业应控制好注浆压力。

(3)实际注浆时,岩溶土洞可能出现某些情形比如土洞内气压过大,而导致无法注浆的状况。应当先确定无法注浆的原因,若是气压导致,应当先采取相应手段排气排压。

(4)现场注浆作业完成后,可以用更加先进的手段检测泡沫混凝土注浆充填岩溶土洞区域内的效果。如果没有条件,那么最好对注浆区域钻孔取芯直观地检测注浆充填的效果。

5.3 岩溶土洞泡沫混凝土充填技术应用

本节主要介绍泡沫混凝土在实际工程中的应用情况,分为两个部分:充填可行性研究以及现场原位充填试验。在确保能够对岩溶土洞采用该方法进行充填的前提下对充填工艺进行优化和改良。

5.3.1 可行性试验

(1) 试验准备

考虑试验场地面积需求,选择研究区雁石镇某公司厂区进行,土洞的模拟尺寸为2m(长)×2.5m(宽)×2m(深),坑底尺寸为1m×1m,采用增压泵模拟水头差。试验模型及现场试验坑如图5-22所示。

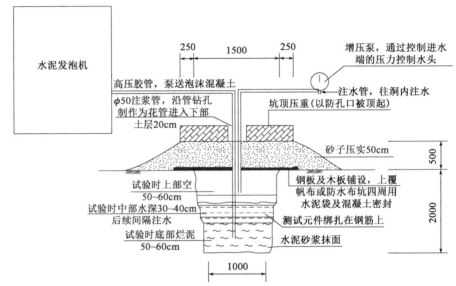

a) 土洞模型试验示意图(尺寸单位:mm)

b) 土洞试验坑

图5-22 试验模型及现场试验坑

根据现有注浆经验,埋设一大一小两根注浆管,大管采用DN40型焊接钢管,小管采用DN20型,均下至洞底,进入土洞部分需加工成花管(钻注浆眼,大管沿管长每间距20cm钻孔眼,且为双边开孔,上下间隔孔互错90°),花管长根据土洞高度制作。下管前注浆大管眼必须使用胶纸扎实,绕管扎2～4圈;注浆小管必须使用橡胶条重叠斜扎密封,两端扎丝固定,形成出浆单向阀,并进行花管试水。下管完毕后用砂塞填进孔口往下2m深处,并以水泥砂浆封闭至孔口。具体埋设方法详见图5-23。

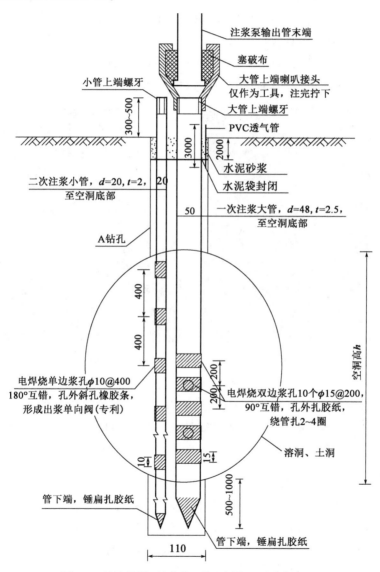

图5-23 泡沫混凝土注浆管埋设示意图(尺寸单位:mm)

主要试验材料有 P·O42.5 普通硅酸盐水泥、MS-1 型复合发泡剂、水、矿粉、粉煤灰及硅灰、细砂、纤维素醚等,各材料的配合比为胶砂比 4:1、水灰比 0.42、粉煤灰掺量 15%、硅灰掺量 2%、减水剂掺量 0.6%、纤维素醚掺量 0.5%。

(2) 充填试验

通过水泥发泡机的高压胶管连接注浆管进行注浆,试验大管注浆充填压力控制在 4~6MPa,如图 5-24 所示。试验过程中在泡沫混凝土材料中加入河砂和粉煤灰,河砂可有效增加发泡混凝土密度。为了确保压灌设备的吸料性能,河砂应采用均匀的细砂或将河砂通过致密筛网处理后再使用,否则长时间工作搅拌塔料斗卸料不彻底,压灌设备吸料口处会出现堵塞现象。

a) 高压胶管连接注浆管　　　b) 控制充填压力

图 5-24　泡沫混凝土充填

充填效果如图 5-25 所示。可以看到,泡沫混凝土在无水和有水条件下的浇筑效果都十分良好,成型十分完整,说明泡沫混凝土具有较好的充填可行性,能够应用于岩溶土洞的充填。

5.3.2　原位充填试验

试验区选在梅州某一在建工程场地,现场地质勘察揭露有溶洞,适合用于溶洞充填试验。经与建设单位沟通协商,选择暂未施工的场地作为试验点开展试验研究,主要通过大小管组合注浆,进行三次分压力梯度注浆,在此过程中研究泡沫混凝土的溶洞充填效果,同时开发充填施工工艺。

第 5 章 岩溶土洞泡沫混凝土充填治理技术

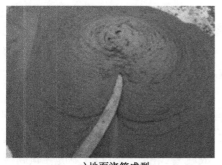
a) 地面浇筑成型

b) 水下浇筑成型

图 5-25 泡沫混凝土浇筑情况

1) 溶洞分布特征

根据场地勘察，揭露 6 个钻孔中有溶洞分布，编号分别为：A8-11、A8-12、A8-21、A8-26、A8-28、A8-29。其中，溶洞揭露的特征如表 5-7 所示，分布情况如图 5-26 所示。

钻孔揭露溶洞汇总表　　　　　　　　　　　表 5-7

孔　号	埋深(m)	顶板高程(m)	底板高程(m)	厚度(m)	充填情况描述
A8-11	35.8	125.29	118.19	7.1	部分充填物为泥质充填，部分为含角砾黏性土
A8-12	35.2	125.19	112.99	12.8	
A8-21	40.1	120.97	116.97	4.0	
A8-26	36.2	125.02	120.02	5.0	
A8-28	37.8	123.48	121.68	1.8	
A8-29	31.3	129.98	128.08	1.9	

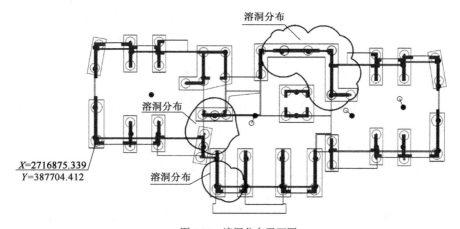

图 5-26 溶洞分布平面图

153

2) 充填钻孔布置

以揭露溶洞的钻孔为中心，按正方形布置钻孔，钻孔间距为1.5~3.0m，实际布置按3m一孔，一直按此间距向外扩孔直至钻机引线至最后一排揭露溶洞为止，以查明溶洞形态及范围。钻孔孔位布置示意图如图5-27所示。

3) 注浆管设计

根据以往溶洞水泥浆液注浆经验，计划进行三次注浆。注浆管由大、小钢管组成，大管用于一次注浆，小管用于二次、三次注浆，大、小管均下至比洞底深0.5~1.0m处，进入土洞、溶洞部分需加工成花管，花管长根据土洞、溶洞高度制作。下管前注浆大管管眼必须使用胶纸扎实，绕管扎2~4圈；注浆小管必须使用橡胶条重叠斜扎密封，两端扎丝固定，形成出浆单向阀。下管完毕后用砂塞填进孔口往下2m深处，并以水泥砂浆封闭至孔口。注浆管外观如图5-28所示。

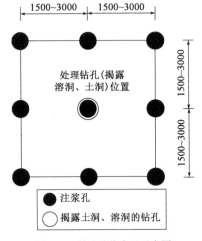

图 5-27 钻孔孔位布置示意图
（尺寸单位：mm）

图 5-28 注浆管外观

4) 施工工艺

泡沫混凝土充填溶洞的主要施工工艺包括定位放线、钻孔及埋管、泡沫混凝土制备、注浆充填、注浆终止等。

(1) 布孔、定位放线

施工前绘制注浆孔位布置图，并统一编号，按设计要求采用全站仪放线定孔位，反复丈量孔距，每孔误差不大于5cm，用竹签固定，并准确测量孔口地面高程。以揭露土洞、溶洞的钻孔为中心，按正方形布置钻孔，钻孔间距为3.0m，一直按此间距向外扩孔直至钻机引线至最后一排揭露土洞、溶洞为止，以查明土洞、溶洞形态及范围。

(2) 钻孔及埋管

采用钻机在泡沫混凝土注浆孔位处引孔,孔径为110mm,钻孔钻至土(溶)洞顶部时应记录深度,并与勘察报告对比,之后继续钻进至土(溶)洞底部0.5~1.0m。引孔时应详细记录钻进土层高程情况,并绘制钻孔柱状图。发现土(溶)洞的孔应继续往四周外扩,直至没有土(溶)洞为止。有发现土(溶)洞的进行下管注泡沫混凝土,未发现的直接灌浆处理。

按设计要求制作大小注浆管,大、小管均下至比洞底深0.5m处,管下端均锤扁并用胶纸包裹好,大管上端采用木塞塞住以防土体进入。下管完毕后用砂塞填进孔口往下2m深处,并以水泥砂浆封闭至孔口。现场埋管情况如图5-29所示。

a) 埋管

b) 孔口封填

图5-29 现场埋管情况

(3) 泡沫混凝土制备

现浇泡沫混凝土是用物理方法将泡沫剂水溶液制备成泡沫,再将泡沫加入到由水泥基胶凝材料、集料、外加剂和水制成的浆料中,经混合搅拌而成的一种多孔轻质现浇混凝土。制备流程图如图5-30所示。

(4) 注浆充填

先在一次注浆大管中用注浆泵压入清水(主要目的是将包在注浆大管外面的胶纸冲破),再压入泡沫混凝土。注泡沫混凝土填充空洞,施工压力宜控制在0.5~5.0MPa,直至达到终止标准;当单孔注泡沫混凝土水泥用量超过预计充填体积20%仍无法达到终止标准时,可采取降压处理,必要时采取间歇注泡沫混凝土的方法。

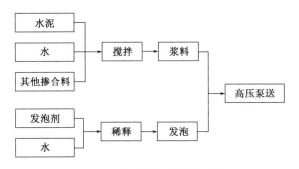

图 5-30　泡沫混凝土制备流程图

每次注浆完毕后 2～3d 以上,在原孔位进行后续注浆(可反复循环多次)。为加快注浆效率,可采用分流管进行多管注浆充填,提高注浆充填效率,结束后应及时清洗管路,封闭注浆管。注浆现场如图 5-31 所示。

图 5-31　注浆现场

(5)注浆终止

当满足以下三个条件中的一个时,即可停止注浆:①充填压力达到设计压力,并稳压 10min 以上;②孔口出现大量返浆现象;③进浆量小于 1L/min,并持续 30min 以上。

5)充填效果检测

将注浆溢出来的泡沫混凝土取样进行三组试块制作,每组三个在同等条件下养护 28d 后进行抗压强度检测,检测结果如表 5-8 所示。可以看到,泡沫混凝土的最终强度在 8.5MPa 左右,这跟前两节所做的室内试验结果基本一致,说明现场泡沫混凝土浇筑的稳定性较好,能够达到预期强度要求。

试块制作及强度检测结果　　　　　　　　　　　表 5-8

试件编号	龄期（d）	尺寸(mm)			试件密度（kg/m³）	平均抗压强度（MPa）
		长	宽	高		
1-1	28	100	100	100	1209.8	8.5
1-2					1210.9	
1-3					1217.4	
2-1	28	100	100	100	1231.5	8.7
2-2					1217.9	
2-3					1223.4	
3-1	28	100	100	100	1251.6	8.3
3-2					1250.2	
3-3					1239.8	

此外,采用钻孔取芯法及现场原位标贯试验,对现场溶洞充填的质量进行检测,检查孔数量 4 个。标贯采用自动脱钩的自由落锤法,落距 76cm,锤质量 63.5kg,贯入过程连续,每击入 20cm 旋转探杆一次。操作时锤击速率一般每分钟 15～30 击,贯入器首次垂直打入试验土层中 15cm 不计击数。继续贯入,记录每 10cm 锤击数,直至累计 30cm。最终现场标贯修正代表值为 9.40～12.30 击,地基承载力可达 120～140kPa,强度较为理想。根据现场取芯,充填物由原来泥质充填变为土混凝土结合体(图 5-32),充填效果较好。

图 5-32　钻孔取芯芯样

第6章 岩溶土洞多元复合地基处理技术

研究区普遍发育覆盖型岩溶土洞,工程建设场地常分布一定厚度的软弱土覆盖层,其下又广泛存在竖向呈串珠状的溶洞。由于溶洞顶板厚度小,且起伏不定,难以作为合适的桩基持力层。若将桩穿过多层溶洞选择下伏完整基岩作为桩端持力层,又导致成桩过长,既增加成本,又难避免施工过程中穿过溶洞带来的塌孔风险。治理多元化和综合化是今后岩溶塌陷治理研究的发展趋势,为有效解决复杂岩溶地区工程地质问题提供了可能性。对覆盖型岩溶土洞的覆盖层进行加固,多元化进行地基处理是一种可行的方法,多元化的复合地基为覆盖型岩溶区地基处理提供了新思路。

泡沫混凝土(轻质土)是一种非常好的充填材料,其具有表观密度低、强度高、便于施工等特点,相较于砂、碎石等充填材料,其流动性更好,更能适应复杂多变的岩溶环境。因而,进行多元复合地基处理时,泡沫混凝土无疑是一种非常好的选择,无论是将泡沫混凝土作为竖向增强体形成加固区提高地基承载力,还是用于充填溶洞或替换软弱土体减少覆盖层沉降,泡沫混凝土都是非常适合的材料。因此,本章将围绕泡沫混凝土作为复合地基材料进行地基处理的这一技术方法进行叙述,通过室内试验、数值模拟、现场测试等手段对泡沫轻质土多元复合地基的特性进行说明,以期为优化岩溶塌陷治理技术、改良地基处理及基础加固施工工艺技术提供参考依据。

6.1 泡沫轻质土多元复合地基室内模型试验

通过室内模型试验,模拟泡沫轻质土复合地基在静荷载作用下的工作状态。通过观测试验中复合地基的沉降、地基土压力及竖向增强体顶部土压力等数据,分析复合地基的工作特性。

6.1.1 试验装置

(1)试验模型装置

一般来说,模型试验的加载方式主要有三种:重物堆载、杠杆加载和液压千斤顶加载。由于重物加载较为繁琐,所需重量大而模型试验体积小,操作可行性低。而杠杆加载稳定性较差,因此本次试验采用平衡反力架配合液压千斤顶进行荷载施加,配合带显示器的荷载传感器可以准确、稳定地施加荷载。模型试验装置如图 6-1 所示,主要包括模型桶、反力装置、刚性加载板等。

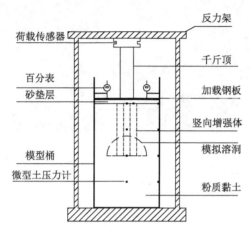

图 6-1 模型试验装置图

模型桶采用圆柱形铁制桶,直径 50cm,高 1.0m,在高度为 40cm 处做一开口,便于开挖土洞。反力装置采用工字钢焊接而成,在顶部设置有螺栓孔,可用于固定荷载传感器。刚性加载板使用直径 50cm、厚 15mm 的圆形钢板,刚度足够,确保施加均匀荷载。

(2)加载及量测装置

试验加载装置采用载重 5t、行程 140mm 的单作用液压千斤顶,如图 6-2a)所示,载重 5t 可施加 50kN 的压力,加载板直径 50cm,即最大可施加 250kPa 的荷载。量测装置有百分表[图 6-2b)]、微型土压力计、uT7110 静态应变仪等。百分表量程 50mm,每组试验均安装两个百分表量测沉降值,确保沉降值准确。微型土压力计、uT7110 静态应变仪前文(见第 3 章)有所描述,这里不再赘述。

6.1.2 试验材料及性能

试验用土取自同一场地,所取土为含角砾粉质黏土,土的物理力学参数基本与前文相同,如表 6-1 所示。而泡沫混凝土同样采用 P.O 42.5 普通硅酸盐水泥、MS-1 型复合发泡剂、纤维素醚、减水剂与水均匀调配而成,测得制备的泡沫混凝土的早期抗压强度大约为 5.5MPa(养护 7d)。

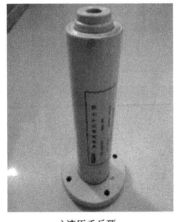

a) 液压千斤顶　　　　　　　b) 百分表

图 6-2　加载及量测装置

试验用土的物理力学参数　　　　　　　表 6-1

土层名称	天然重度 γ (kN/m³)	含水率 w (%)	内摩擦角 φ (°)	黏聚力 c (kPa)	孔隙比 e_0
含角砾粉质黏土	18.9	27.5	19.6	20.6	0.819

6.1.3　试验方案

考虑到实际工程情况，溶洞可能是完全中空，也可能被软弱土体所充填，不同的情况采取不同的处理措施，因此试验设置两类工况进行模拟。第一类是溶洞无充填状态：采用泡沫轻质土充填溶洞且作竖向增强体，形成多元复合地基；第二类是溶洞被软弱土体所充填：采用泡沫轻质土作竖向增强体形成复合地基。

泡沫轻质土竖向增强体采用挖孔灌注成形：填土完成后用洛阳铲开挖直径50mm 的圆柱孔，利用泡沫混凝土的可注性进行灌注并设置不同长度的竖向增强体，彼此间间距 100mm，采用正方形布置，在溶洞平面范围内设置 4 根。试验共 9 组，具体方案见表 6-2。

图 6-3 给出了模型试验中土压力计的布置情况。每组试验共埋置了 8 个或 10 个土压力计，在模型桶中心和边缘处顶面、20cm、40cm、60cm 深度各设置 4 个土压力计，若有竖向增强体，则选择两根在其顶部中心各设置 1 个土压力计。

模型试验方案 表6-2

试验工况	试验类型	试验编号	溶洞充填	竖向增强体长(cm)
工况一	天然地基	1-0	无充填	—
	多元复合地基	1-1	泡沫混凝土	—
		1-40		40
		1-50		50
		1-60		60
工况二	天然地基	2-0	软弱土体	—
	复合地基	2-40	软弱土体	40
		2-50		50
		2-60		60

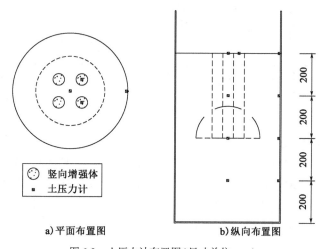

a) 平面布置图　　b) 纵向布置图

图6-3　土压力计布置图(尺寸单位:mm)

土层填筑完毕后,从模型桶侧壁开口处开挖出所需模拟溶洞形状及大小。溶洞设置为底面直径30cm、高15cm半球形溶洞,顶部埋深25cm。开挖完成后将洞口用粉质黏土回填,关闭模型桶开口,形成一密闭土洞。若是充填软弱土体的工况,则在填筑过程中直接充填软弱土体。加载液压泵与千斤顶时,通过带显示器的荷载传感器进行控制,每一级荷载为2kN(10kPa),待沉降稳定后记录时间及百分表读数,同时与土压力数据进行对应。

6.1.4　试验结果及分析

待泡沫混凝土初凝后,进行复合地基加载试验。结合量测装置的显示,设定每级荷载为2kN即10kPa,从0施加至200kPa。以下将对各组试验成果进行分述,主要包括荷载沉降曲线、地基土压力竖向分布、竖向增强体顶部应力、竖向增强体与土的荷载承担比。

1)工况一天然地基

试验1-0是溶洞内无充填物的天然地基,模拟天然状态下的覆盖层岩溶地基,试验示意图如图6-4a)所示。

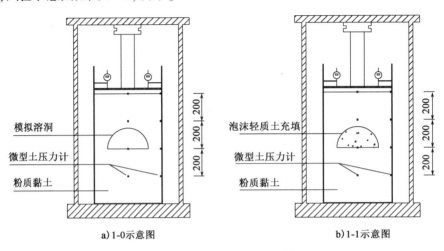

图6-4 试验1-0、1-1示意图(尺寸单位:mm)

(1)荷载沉降规律

如图6-5所示的 p-s 曲线,可见当荷载较小时(0~100kPa),沉降基本呈线性变化,当荷载为100kPa时,沉降为15.22mm。但当加载达到130kPa之后,沉降急剧加大;荷载为160kPa时,沉降达到了39.96mm。此时溶洞顶部开始出现裂缝并掉块,土洞逐渐开始坍塌,见图6-6。

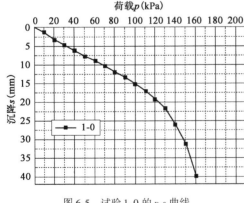

图6-5 试验1-0的 p-s 曲线

图6-6 溶洞逐渐坍塌

第6章 岩溶土洞多元复合地基处理技术

（2）地基土压力竖向分布

取荷载为 50kPa、100kPa、150kPa、200kPa 时对应的土压力进行分析，如图 6-7 所示。从图中可以看到，施加的荷载主要由边缘土承担。在地基土顶部（$d=0$cm），中心处的土压力略小于施加的荷载（45.5kPa、93.8kPa、142.0kPa），而边缘处略大于施加的荷载（51.5kPa、103.1kPa、156.1kPa）。溶洞顶部附近（$d=20$cm）土压力始终在 0～10kPa，溶洞底部附近（$d=40$cm）土压力始终在 0kPa 左右。而同一深度处边缘部分的土体承担了大部分荷载，土压力甚至达到荷载的 1.5 倍以上，如深度为 40cm 处边缘部分（77.1kPa、182.7kPa、264kPa）。

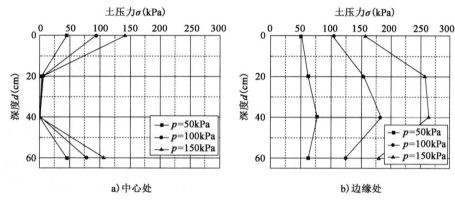

图 6-7 试验 1-0 地基土压力分布图

溶洞顶部、底部的土压力详细变化可见图 6-8。$d=40$cm 即溶洞底部处的土体，由于上部没有荷载，没有附加应力，因此土压力始终在 0kPa 左右。在 $d=20$cm，即溶洞顶部附近的土体土压力随着荷载的增加有一定的增长，但是变化幅度很小，可以说明，溶洞顶部承担了极小部分的荷载，土体具有一定强度，因此溶洞没有坍塌。当荷载达到 130kPa 时，土压力减小，土体开始崩塌，不再承担荷载。

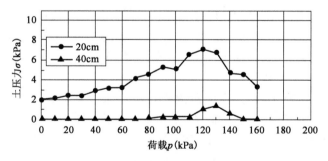

图 6-8 溶洞顶部、底部土压力变化图

2)工况一充填泡沫混凝土

试验 1-1 是在溶洞内充填了泡沫混凝土,试验示意图如图 6-9 所示。

(1)荷载沉降规律

从图 6-9 的 p-s 曲线可见,相比于试验 1-0 来说,沉降曲线没有陡降段,在 0~100kPa 荷载作用下沉降整体呈线性变化,120kPa 之后沉降略有减缓,最终沉降 19.5mm。与此同时,如图 6-10 所示,由于没有地下水影响以及室内试验设置的溶洞形状较为规则,泡沫混凝土养护条件较好,因此其充填效果较好,充填率高。溶洞没有坍塌,沉降也大幅减小。

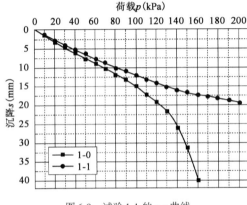

图 6-9 试验 1-1 的 p-s 曲线　　图 6-10 泡沫混凝土充填体

(2)地基土压力竖向分布

图 6-11 为试验 1-1 的地基土压力竖向分布图。由图可见,试验 1-1 地基土压力竖向分布与 1-0 相比截然不同。试验 1-1 在中心处的土压力基本都大于边缘处土压力。在溶洞顶部附近($d=20$cm),由于地基土内充填体强度较高,压缩模量显著大于地基土。因此,在受到荷载时,中心处沉降较小,承担的荷载更大,中心处土压力(77.1kPa、147.5kPa、212.4kPa、264.2kPa)大于边缘处的土压力(36.6kPa、83.8kPa、130.2kPa、173.7kPa),充填体底部中心的土压力(74.4kPa、117.7kPa、184.9kPa、237.0kPa)也大于边缘处的土压力(32.4kPa、75.0kPa、132.2kPa、171.2kPa),但差距已经减小,在深度 60cm 处的土压力已经很接近。

3)工况一复合地基

试验 1-40、1-50、1-60 是在溶洞内充填了泡沫混凝土并且充填长度分别为 40cm、50cm、60cm 的竖向增强体,充填体与竖向增强体与地基土共同形成复合地基。试验示意图如图 6-12 所示,图 6-13 为泡沫混凝土充填体与竖向增强体形成整体后的照片(开挖时竖向增强体发生断裂)。

第 6 章 岩溶土洞多元复合地基处理技术

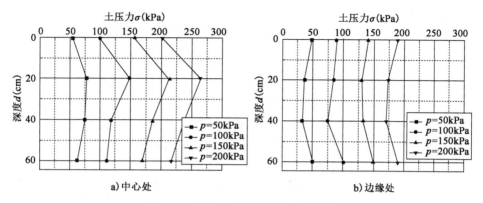

a) 中心处　　　　　　　　　　　　b) 边缘处

图 6-11　试验 1-1 地基土压力竖向分布图

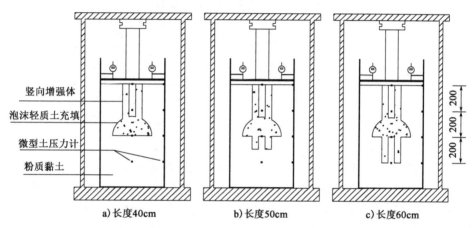

a) 长度 40cm　　　　b) 长度 50cm　　　　c) 长度 60cm

图 6-12　试验 1-40、1-50、1-60 示意图（尺寸单位：mm）

图 6-13　充填体照片

165

(1) 荷载沉降规律

图 6-14 为竖向增强体长度为 40cm、50cm、60cm 的 p-s 曲线。整体呈线性变化,最终沉降量接近,分别为 12.38mm、13.60mm、13.21mm,竖向增强体长度的增加并不能有效减小沉降量。因此,可以推测,泡沫混凝土竖向增强体穿越溶洞的部分并没有起到降低沉降的作用。

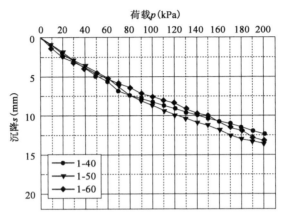

图 6-14 试验 1-40、1-50、1-60 的 p-s 曲线

(2) 地基土压力竖向分布

图 6-15 为试验 1-40、1-50、1-60 的地基土压力竖向分布图。

由图可见,三组试验的地基土压力分布规律几乎一致,差别很小。在地基土表面,由于泡沫混凝土竖向增强体承担了一大部分荷载,土压力远低于施加的荷载。在深度 20cm 中心处(接近溶洞顶部),地基土压力仅为 30~85kPa,而边缘处也仅为 30~130kPa。在深度 40cm 中心处(溶洞底部),地基土压力达到了 80~290kPa,而边缘处仅为 45~130kPa,说明地基土表面施加的荷载主要通过泡沫混凝土竖向增强体与充填体传递到溶洞底部。在深度 60cm 处,由于应力扩散,中心处的地基土压力减小,边缘处的地基土压力增加。

由荷载沉降规律以及地基土压力竖向分布可以推测,充填体起到"承台"的作用,竖向增强体作用机理接近端承桩。穿越了溶洞部分的竖向增强体则几乎没有发挥作用,因此竖向增强体穿越溶洞后,长度继续增加,承载力并不能有效提高,而充填体起到了重要作用。

(3) 荷载承担比

在竖向增强体的顶部及地基土中心布置土压力计,测定泡沫混凝土竖向增强体与地基土所承担的土压力,两者比值为竖向增强体土荷载分担比。

第6章 岩溶土洞多元复合地基处理技术

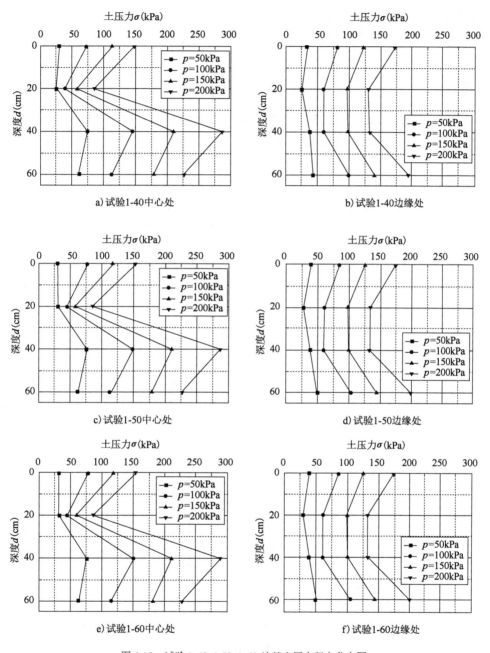

图6-15 试验1-40、1-50、1-60地基土压力竖向分布图

如图 6-16 所示,不同竖向增强体长度对应的荷载分担比接近,皆约等于 6,说明工况一下不同的竖向增强体长度对承载力影响不大。在 80kPa 之后荷载分担比趋于稳定,竖向增强体与地基土共同形成较稳定的加固区,两者承担荷载的比例达到稳定值。

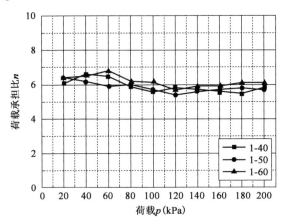

图 6-16 工况一荷载承担比

4)工况二天然地基

试验 2-0 是在模拟溶洞内充填了软弱土体的天然地基,如图 6-17 所示。

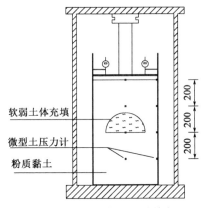

图 6-17 试验 2-0 示意图(尺寸单位:mm)

(1)荷载沉降规律

试验 2-0 由于溶洞是封闭状态,粉质黏土渗透系数较低,试验可以看作属于不排水工况。试验 2-0 的溶洞没有发生坍塌,沉降量相对于试验 1-0 来说大大减少,但由于软弱土体在排水之后,体积将有较大压缩,土体承担荷载能力将丧失,因此仍需治理。如图 6-18 所示,试验 2-0 荷载沉降曲线也呈现线性变化趋势，与试验 1-1 荷载沉降曲线接近，但试验 1-1 的沉降量更低。当加载到 200kPa 时，试验 1-1 的沉降为 19.5mm，试验 2-0 的沉降为 24.9mm。

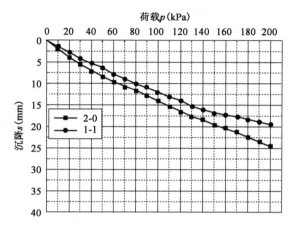

图 6-18　试验 2-0 的 p-s 曲线

(2) 地基土压力竖向分布

图 6-19 为试验 2-0 的地基土压力竖向分布图。经过与图 6-11 对比之后可以发现，尽管试验 2-0 与试验 1-1 的荷载沉降曲线接近，地基土压力却呈现完全相反的趋势。试验 1-1 中，在深度 20cm 处（溶洞顶部附近）泡沫混凝土上部的地基土承担了较多的荷载（77～264kPa），边缘部分的地基土承担较小的荷载（37～173kPa）。而试验 2-0 中，深度 20cm 中心处的地基土压力承担较小的荷载（30～122kPa），边缘部分承担了较大的荷载（54～223kPa）。同样，在深度 40cm 处（溶洞底部）也有类似规律。出现两种不同现象的原因是泡沫混凝土的压缩模量要大于地基土的压缩模量，而软弱土体的压缩模量则小于地基土的压缩模量。

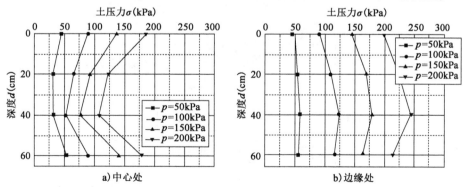

图 6-19　试验 2-0 地基土压力竖向分布图

5）工况二复合地基

试验 2-40、2-50、2-60 是在模拟溶洞内充填了软弱土体，并且增加长度分别为 40cm、50cm、60cm 的泡沫混凝土竖向增强体，与地基土共同形成复合地基，如图 6-20 所示。

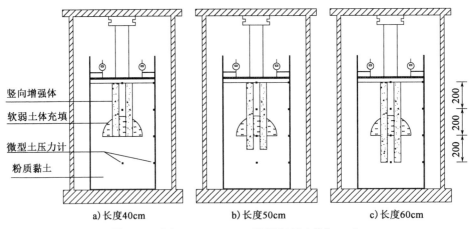

图 6-20　试验 2-40、2-50、2-60 示意图（尺寸单位：mm）

(1) 荷载沉降规律

由图 6-21 可见，相比于试验 2-0 的天然地基，加入不同长度的泡沫混凝土竖向增强体后，沉降显著降低。其中，加到最大荷载时，试验 2-0 的沉降为 24.9mm，试验 2-40 的沉降为 16.80mm，试验 2-50 的沉降为 13.66mm，试验 2-60 的沉降为 12.86mm。考虑到试验过程带来的误差，试验 2-50 与试验 2-60 的差距可以忽略不计，承载力没有明显提高。

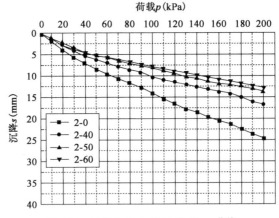

图 6-21　试验 2-40、2-50、2-60 的 p-s 曲线

(2)地基土压力竖向分布

图 6-22 为试验 2-40、2-50、2-60 的地基土压力竖向分布图,同试验 1-40、1-50、1-60 相类似,三种地基土压力分布规律基本一致,差别很小。在地基土表面,由于泡沫混凝土竖向增强体承担了一大部分荷载,土压力小于施加的荷载。

以试验 2-40 为例,在深度 20cm 中心处(接近溶洞顶部),地基土压力仅为 11~63kPa,而边缘处也仅为 39~173kPa。在深度 40cm 中心处(溶洞底部),地基土压力达到了 20~86kPa,而边缘处仅为 48~195kPa,说明地基土表面施加的荷载主要通过泡沫混凝土竖向增强体传递到底部。在深度 60cm 处,由于竖向增强体底部的应力扩散,中心处的地基土压力增大。

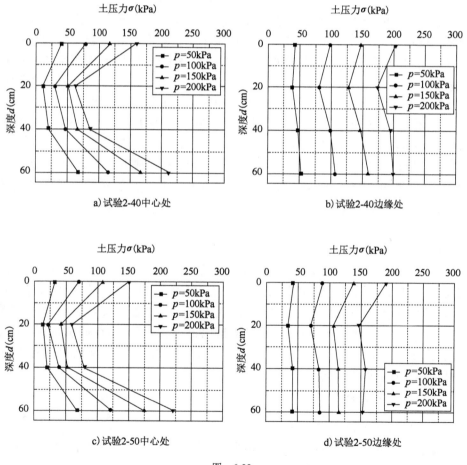

图 6-22

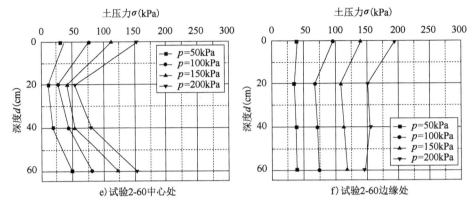

图 6-22 试验 2-40、2-50、2-60 地基土压力竖向分布图

试验 2-40、2-50 分别是竖向增强体长度为 40cm 与 50cm 的情况,在深度 60cm 中心处的土压力,试验 2-50 的土压力略大于试验 2-40。随着竖向增强体长度增加,竖向增强体承载力增加,即加固区承载力增加,因此加固区承担的荷载更多,加固区下方的土体承担了更多的荷载。对比图 6-22b)、d),边缘处的地基土压力整体都减小,亦可说明中心的加固区承担了更多的荷载。

对比试验 2-50 与 2-60 会发现,在深度 60cm 处,地基土压力下降明显,最大值仅为 150kPa。这是由于竖向增强体长度为 60cm 时,土压力计的位置位于加固区内,因此承担的荷载较小。同样,对比边缘处的地基土压力会发现,边缘处的土压力相较于试验 2-40 减小很多。而试验 2-50 与试验 2-60 的边缘土压力接近,两者的沉降规律也接近,说明 50cm 与 60cm 的竖向增强体对此地基加固效果几乎一致。

(3)荷载承担比

如图 6-23 所示,试验 2-40 的荷载承担比仅为 4 左右,而试验 2-50 与 2-60 的荷载承担比均接近于 5,说明竖向增强体长度增加,所承担的荷载也有所加大,但效果并不是特别明显。同时,在荷载达到 80kPa 之前,竖向增强体承担荷载比例较大,且随着荷载的增加,荷载承担比也略有上升;而在荷载达到 80kPa 之后,由于竖向增强体承载力有限,此时荷载继续增加,土体承担比例开始增加,荷载承担比也就随之降低。

6.1.5 试验对比

1)沉降规律分析

所有试验的荷载(p)-沉降(s)曲线如图 6-24 所示。在较低的荷载范围内(200kPa 以内),地基基本处于弹性变形状态。

第6章 岩溶土洞多元复合地基处理技术

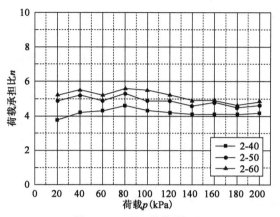

图 6-23 工况二荷载承担比

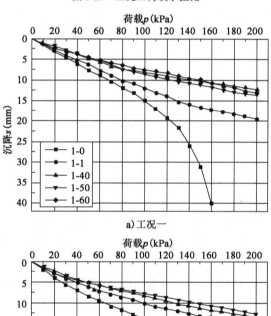

图 6-24 荷载(p)-沉降(s)曲线

试验 1-0 未进行任何处理时沉降最大,在荷载达到 150～160kPa 时,溶洞开始坍塌,沉降急剧增大,试验终止。试验 1-1 采用泡沫混凝土对溶洞进行充填,沉降降低至 20mm 左右。试验 1-40、1-50、1-60 分别对溶洞进行充填,同时增加长度 40cm、50cm、60cm 泡沫混凝土竖向增强体作复合地基,沉降量均接近,为 13mm。由此可见,在溶洞被泡沫混凝土充填的情况下,竖向增强体与充填体形成整体,竖向增强体长度增加,地基变形并没有明显改善。

试验 2-0 的沉降介于试验 1-0、1-1 之间,符合实际情况。试验 2-40 的沉降达到 17mm,而试验 2-50 与 2-30 沉降值比较接近,均接近 15mm。这说明在工况二的情况下,竖向增强体长度的增加,有利于提高竖向增强体承载力,从而提高整个复合地基承载力,减少沉降。

2)地基土压力对比分析

为比较不同竖向增强体长度下地基土压力的变化情况,取承压板荷载 $p=150$kPa 时测得的土压力进行对比。分别从不同工况以及天然地基、复合地基的角度进行对比分析。

(1)工况一对比

图 6-25 即工况一在 150kPa 荷载下,中心处、边缘处不同深度处的土压力。

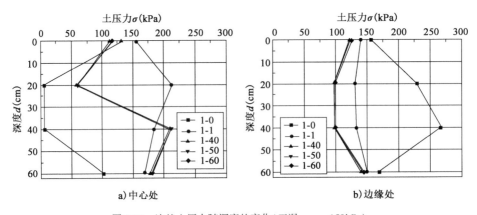

图 6-25 地基土压力随深度的变化(工况一,$p=150$kPa)

试验 1-0 即在未进行任何处理的情况下,深度 20cm(溶洞顶部)和 40cm 处(溶洞底部)的土压力接近于 0,溶洞底部下卧层土压力也较小,而边缘处的土承担了较大的荷载,土压力达到 228kPa、266kPa。试验 1-1 即对溶洞填充泡沫混凝土后,由于泡沫混凝土的模量较地基土较高,所以中心部分承担的荷载大于边缘部分承担荷载,溶洞顶部处的土压力最大,中心处土压力均大于边缘处土压力。

加入不同长度泡沫混凝土竖向增强体,充填体与竖向增强体结合形成加固体,再与地基土共同作用形成复合地基。地基土压力明显降低,深度20cm处土压力仅60kPa,但溶洞底部的土压力最大,这是由于泡沫混凝土充填体将竖向增强体部分承担荷载传递至溶洞底部,使溶洞底部的地基土压力最大。由于泡沫混凝土充填形成的类似于"承台"的作用,竖向增强体顶部承担的荷载在此时已经较为均匀地扩散,这种作用机理类似桩基基础中的端承桩,因此竖向增强体长度的增加并不能有效提高承载力。与此同时,边缘土压力均最小,这是因为复合地基加固区承担了较多的荷载。

(2)工况二对比

图6-26为工况二在150kPa荷载作用下,模型桶中心处、边缘处不同深度处的土压力。从图中可以看到,加入不同长度的泡沫混凝土竖向增强体后,竖向增强体承担了一部分荷载,中心土压力与边缘土压力均明显减小。同时,试验2-40的地基土与边缘土压力略大于试验2-50与2-60的土压力,而试验2-50与2-60则较为接近,这与三者间的沉降规律相同。由此可以说明,在仅有泡沫混凝土竖向增强体的情况下,长度的增加有利于提高地基承载力,但继续增加竖向增强体长度并不能大幅度提高地基承载力。

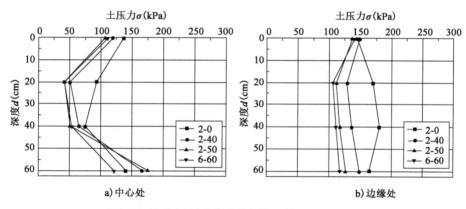

图6-26 地基土压力随深度的变化(工况二, $p=150$ kPa)

(3)天然地基对比

图6-27为试验1-0、试验1-1、试验2-0的地基土压力竖向分布对比图,三组试验都没有竖向增强体,仅溶洞充填物不同。

试验1-0为溶洞无充填,试验2-0为溶洞中充填软弱土体。两组试验的地基土压力竖向分布趋势一致,但在数值上相差较大。在溶洞顶部($d=20$cm)与底部($d=40$cm),土压力都比较小,而同一高度边缘处的土压力则较大。但试验2-0中溶洞充填了软弱土体,承担了部分荷载,因此土压力没有试验1-0变化大。

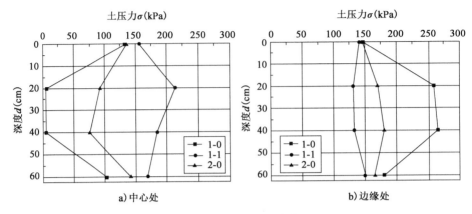

图 6-27 天然地基土压力随深度的变化($p=150\mathrm{kPa}$)

试验 1-1 则同试验 2-0 情况相反,由于溶洞内充填泡沫混凝土,泡沫混凝土的弹性模量远大于地基土,因此变形较小(忽略不计),溶洞上部土层承担的荷载大于边缘部分的土,因此溶洞顶部的土压力较大。整体来看,中心部分的土压力大于边缘部分的土压力。

(4)复合地基对比

图 6-28 为试验 1-40、1-50、1-60 与试验 2-40、2-50、2-60 的地基土压力竖向分布对比图,六组试验均设置了泡沫混凝土竖向增强体。

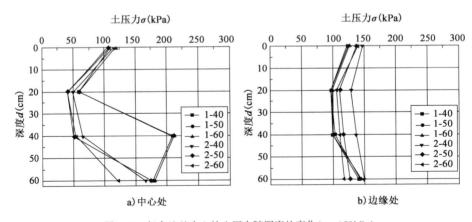

图 6-28 复合地基中心处土压力随深度的变化($p=150\mathrm{kPa}$)

工况一的三组复合地基的土压力变化几乎一致,可以说明竖向增强体长度的增加对复合地基的承载力并没有实质性的影响,而充填体对承载力起到了重要的作用,充填体承担了由泡沫混凝土竖向增强体传递的大部分荷载,因此充填体底部($d=40$cm)的土压力较大。而工况二溶洞是软弱土体充填,复合地基中只有竖向增强体起到增强体的作用,因此在深度为40cm处的土压力远小于工况一。

在深度60cm处,由于长度60cm时土压力计的位置位于加固区内,因此承担的荷载较小,地基土压力仅120kPa。而试验2-40与2-50竖向增强体底部应力扩散,因此土压力较高。

观察边缘处的土压力,试验2-40的土压力最大,说明复合地基加固区承担的荷载最小,边缘部分的地基土承担的荷载较大。工况一的三组复合地基的地基土压力最小,说明地基加固区承担的荷载最大,地基处理效果良好。在深度60cm处由于充填体承担的由泡沫混凝土竖向增强体传递的大部分荷载扩散,因此土压力较大。

3）荷载承担比对比

图6-29为两种工况含泡沫混凝土竖向增强体的六组试验的荷载承担比对比图。从整体来看,工况一的荷载承担比高于工况二,说明工况一的泡沫混凝土竖向增强体由于泡沫混凝土充填体起到的"承台"作用,使承载力增加,因此承担了更多的荷载。试验2-40的荷载承担比最低,说明其竖向增强体的增强效果最弱,承担荷载较小。随着竖向增强体长度的增加,泡沫混凝土竖向增强体承载力提高,对地基的加固效果提升,竖向增强体承担的荷载增加,因此荷载承担比提高。

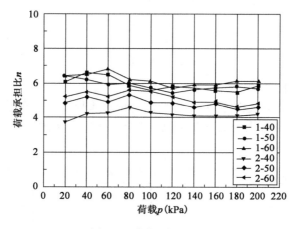

图6-29 荷载承担比对比

6.2 泡沫轻质土多元复合地基数值模拟分析

本节将采用 Plaxis 3D 对前述室内模型试验进行数值模拟,并将数值模拟结果与室内模型试验进行对比,探讨该复合地基中竖向增强体的作用机理。

6.2.1 室内模型试验计算模型

(1) 几何模型

根据覆盖型岩溶土洞泡沫混凝土复合地基室内模型试验建立 Plaxis 3D 计算模型。试验的有限元模型如图 6-30 所示,地基土直径为 50cm,地基土厚度 80cm,同样铺设 2cm 厚砂垫层。在深度 25~40cm 处开挖一如图 6-31 所示的半径为 15cm 的半球形溶洞。

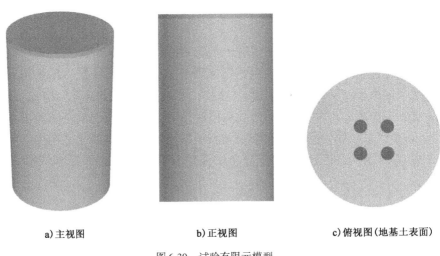

a) 主视图　　　　b) 正视图　　　　c) 俯视图(地基土表面)

图 6-30　试验有限元模型

(2) 边界条件

为模拟室内模型试验,需要对模型设定位移边界条件。在模型顶面创建板,设置材料为钢,同时施加 z 方向面荷载。模型侧壁与底面创建面指定位移,具体如表 6-3、图 6-32 所示。

边 界 条 件 设 置　　　　表 6-3

方向	x	y	z
侧面	固定	固定	自由
底面	自由	自由	固定

第6章 岩溶土洞多元复合地基处理技术

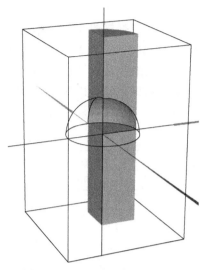
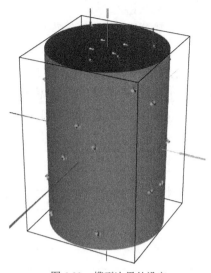

图6-31 有限元模型溶洞(1/4模型)   图6-32 模型边界的设定

(3) 竖向增强体的模拟

室内模型试验中竖向增强体的体积相对于模型较大,用实体单元模拟与实际尺寸相同的竖向增强体,因此直接在模型中建立直径为5cm的圆柱形实体单元,如图6-33所示,并在竖向增强体周围添加界面单元,模拟竖向增强体与土之间的相互作用,通过查看界面内力来研究竖向增强体的作用机理。

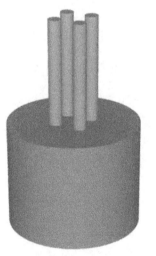
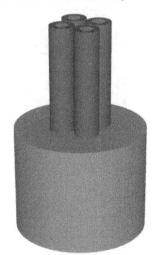

a) 实体单元   b) 添加界面

图6-33 泡沫混凝土竖向增强体的模拟

179

(4)材料属性及参数

材料模型采用摩尔-库仑模型,该模型是一个理想弹塑性模型,破坏判定采用摩尔-库仑破坏准则,可在一定程度上描述岩土材料的特性,且参数易于获取,在岩土工程中有着广泛应用。室内模型试验所施加的荷载较小(200kPa),整体沉降呈线性,因此采用摩尔-库仑模型是合理的。软弱土体与褥垫层的砂同样采用摩尔-库仑模型,泡沫混凝土与钢板采用线弹性模型。具体参数见表6-4。

材料属性及参数 表6-4

材料	模型	$\gamma(kN/m^3)$	$E(MPa)$	μ	$c(kPa)$	$\varphi(°)$
粉质黏土	MC	19.1	6	0.3	20.6	19.6
泡沫混凝土	LE	12.0	194	0.26	—	—
砂	MC	17	13	0.25	0	30
钢板	LE	78.5	206000	0.25	—	—
软弱土体	MC	16	1	0.42	5.6	3.9

(5)网格划分

建立好几何模型后,需要进行网格划分,组成有限元网格,以进行下一步计算。对可能发生较大应力集中或较大变形的部位,以及形状较不规则的结构,进行加密,生成较细密精确的有限元网格。又由于三维有限元计算非常耗时,因此也要避免网格单元数量过大导致计算时间过长。对模型进行网格划分后,结果如图6-34所示。

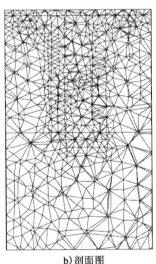

a)主观图　　　b)剖面图

图6-34　网格划分图

(6) 计算

由于选用的材料模型为摩尔-库仑模型,其变形为理想弹塑性模型,因此变形在破坏前呈现线性变化,每一级荷载定为50kPa。施工步骤如图6-35所示,初始步骤为天然状态,第一步模拟泡沫混凝土施工,激活泡沫混凝土竖向增强体及充填体,第二步模拟加载,激活砂垫层、钢板,第三步至第六步施加面荷载,面荷载分别设定为50kPa、100kPa、150kPa、200kPa。

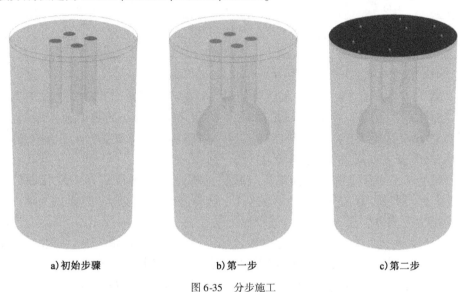

a) 初始步骤　　　　　　b) 第一步　　　　　　c) 第二步

图6-35 分步施工

6.2.2 模型试验与数值模拟结果对比

以下将从泡沫混凝土竖向增强体复合地基沉降曲线及地基土压力两方面,对比模型试验与数值模拟计算结果,验证合理性。

1) 沉降对比

如表6-5所示,取各试验最终沉降结果进行对比,规律基本一致,且数值相差不大,认为参数取值合理,后文将展开分述沉降规律与地基土压力规律。

模型试验与数值模拟沉降对比 ($p=200$kPa)　　表6-5

试验分组	沉降 s(mm)	
	模型试验	数值模拟
1-0	坍塌	坍塌
1-1	19.50	22.56
1-40	12.38	15.39

续上表

试验分组	沉降 s(mm)	
	模型试验	数值模拟
1-50	13.60	15.06
1-60	13.21	14.49
2-0	24.64	26.96
2-40	16.80	18.18
2-50	13.66	17.11
2-60	12.86	16.18

(1)试验 1-0、1-1 与试验 2-0

图 6-36 为试验 1-0 与 1-1 的沉降结果与数值模拟沉降对比曲线,(图中 3-0、3-1 指代试验 1-0、1-1 的数值模拟结果,4-0 指代试验 2-0 的数值模拟结果,下同)。3-0 与试验 1-0 曲线趋势接近,在 0~100kPa 呈现线性变化,达到 120kPa 之后,溶洞开始崩塌,沉降急剧增大,计算终止。

试验 1-1 的室内模型试验结果与数值模拟结果前半段规律一致且数值接近,主要呈线性变化,150kPa 之后试验 1-1 沉降曲线开始变缓。这是因为室内试验的模型内侧虽然涂了凡士林,但摩擦力还存在,随着土体被压缩,横向变形增加,对桶壁压力增大,因此摩擦力增大,这部分摩擦力使沉降变缓。而数值模拟对侧壁仅限制水平面的位移,竖直方向的位移并没有限制。试验 2-0 的曲线与 4-0 趋势也接近,试验 2-0 与 1-1 的趋势类似,由于试验模型侧壁摩擦力的存在,曲线呈现上凹的趋势,整体线性,数值模拟结果完全呈线性。

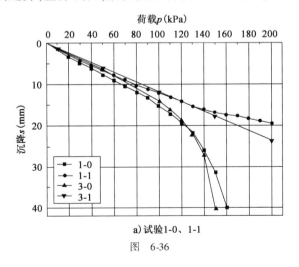

a)试验1-0、1-1

图 6-36

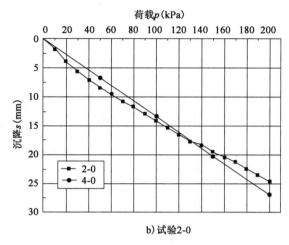

图 6-36 试验 1-0、1-1、2-0 与数值模拟荷载沉降对比图

(2) 试验 1-40、1-50、1-60 与试验 2-40、2-50、2-60

如图 6-37 所示,1-40、1-50、1-60 的室内模型试验结果与数值模拟结果规律均较一致且最终结果接近。其中,试验 1-40、1-50、1-60 的荷载沉降曲线前段几乎一致,后半段整体线性趋势但变化规律混乱,最终沉降分别为 12.38mm、13.60mm、13.21mm,并没有呈现出竖向增强体长度越长、沉降越小的规律,可能是试验边界条件、地基土质量控制的误差所带来的影响。而数值模拟的结果最终沉降分别为 15.39mm、15.06mm、14.49mm,整体呈现竖向增强体长度增加,沉降微弱减小的规律。

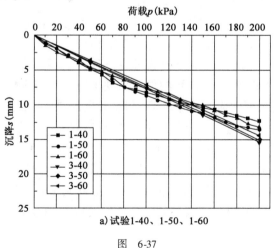

图 6-37

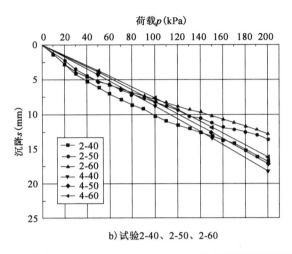

b) 试验2-40、2-50、2-60

图 6-37 试验 1-40、1-50、1-60、2-40、2-50、2-60 与数值模拟沉降对比图

而试验 2-40、2-50、2-60 的室内模型试验结果与数值模拟结果对比,相较于前述三种试验则显得较为混乱一些。其中,试验 2-40、2-50、2-60 的结果显示,竖向增强体长度增加、沉降减小,沉降分别是 16.8mm、13.66mm、12.86mm。数值模拟结果分别为 18.18mm、17.11mm、16.18mm,整体也是竖向增强体长度增加沉降减小的规律。

2)位移及地基土压力变化规律

(1)试验 1-0

图 6-38 为试验 1-0 的位移云图随着荷载增加的变化,溶洞上部土体位移呈现漏斗状,同一水平高度上,中部沉降量大于两侧。而溶洞两侧土体位移相对较小,但随着荷载的增加也逐渐增大,且呈现出逐级变化的趋势,越靠近底部位移越小。观察图 6-39 的地基土压力云图可以发现,溶洞顶部、底部的地基土压力一直处于较低的水平,而溶洞拱脚的位置出现了应力集中现象,溶洞周围的土体承担了所有的荷载,因此应力水平较高,与试验监测结果一致。

如图 6-40 所示,取荷载 150kPa 时的试验与数值模拟的地基土压力变化进行对比。可以看出两者规律接近,但数值上略有差异。在 $d=0\mathrm{cm}$、40cm、60cm 处结果均较接近,而在 $d=20\mathrm{cm}$ 处差异较大。即在溶洞顶部附近,试验测得的数据较小,推测是由于土压力计底部的土体未能起到很好的固定作用,因此测出的土压力值接近 0kPa,而数值模拟的理论值则可以达到接近 40kPa,说明土洞顶部的土体仍有一定的承载能力。

第 6 章　岩溶土洞多元复合地基处理技术

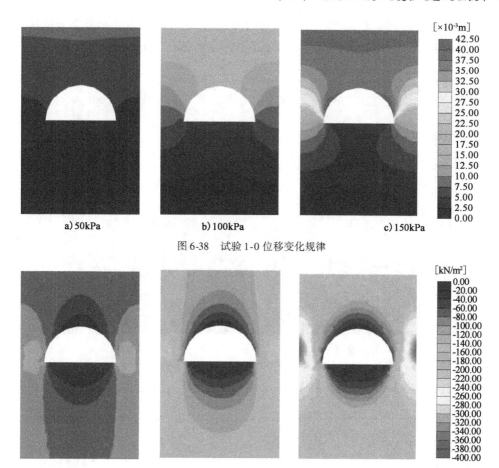

图 6-38　试验 1-0 位移变化规律

图 6-39　试验 1-0 地基土压力变化规律

（2）试验 1-1 与试验 2-0 对比

取荷载 $p = 150\text{kPa}$ 时的位移云图与地基土压力进行对比，试验 1-1 与试验 2-0 的位移对比如图 6-41 所示，两者呈现相反的趋势。试验 1-1 的沉降整体小于试验 2-0，试验 1-1 的位移呈现中间小、周围大的规律；而试验 2-0 的位移规律相反，呈现中间大、周围小的规律。这是由于泡沫混凝土的弹性模量大于地基土的弹性模量，并大于

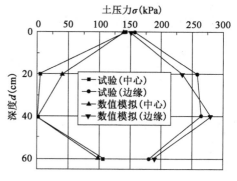

图 6-40　试验 1-0 与数值模拟地基土
　　　　压力对比（$p = 150\text{kPa}$）

185

软弱土体的弹性模量,因此在受到相同的荷载时,泡沫混凝土的变形小于地基土的变形,并小于软弱土体的变形,因此位移变化呈现出上述的规律。

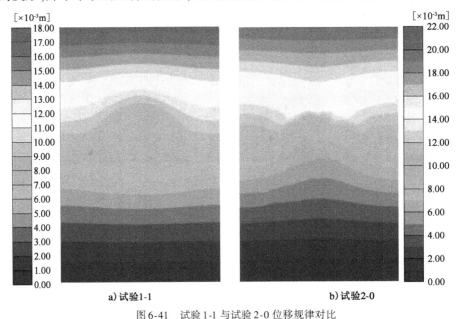

图 6-41 试验 1-1 与试验 2-0 位移规律对比

与位移规律一致,试验 1-1 与试验 2-0 的地基土压力呈现相反的趋势,如图 6-42

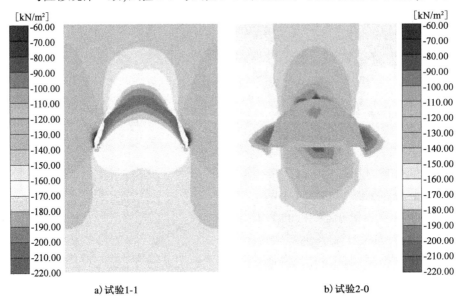

图 6-42 试验 1-1 与试验 2-0 地基土压力规律对比

所示。试验 1-1 的中间部分由于泡沫混凝土的存在,承担较多荷载,因此上部土压力较大,周围的土压力较小。而试验 2-0 则相反,由于软弱土体的强度低,弹性模量小,地基土压力分布与试验 1-1 相反,与试验 1-0 的地基土压力分布规律近似,软弱土体上下的地基土压力均小。观察图 6-43 也会发现,数值模拟结果与试验结果接近,表明泡沫混凝土的材料参数取值合理。

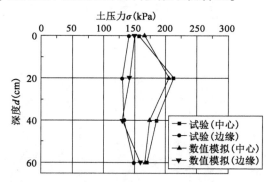

图 6-43 试验 1-1 与数值模拟地基土压力 σ_z 对比($p=150\text{kPa}$)

(3)试验 1-40、1-50、1-60 与试验 2-40、2-50、2-60

如图 6-44 所示,试验 1-40、1-50、1-60 三组试验的最大位移接近,三者的主要区别是影响范围,竖向增强体长度增长,影响深度越深。但总位移并无明显减小,说明该复合地基对竖向增强体长度并不敏感,推测竖向增强体侧壁摩阻力对竖向增强体承载力的影响不大,因此,竖向增强体长度较短(40cm),与竖向增强体长度较长(60cm)的位移接近,竖向增强体长度增加并不能降低变形。

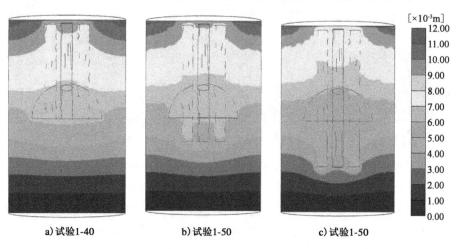

a) 试验1-40   b) 试验1-50   c) 试验1-50

图 6-44 试验 1-40、1-50、1-60 位移规律对比

如图 6-45 所示,试验 2-40、2-50、2-60 三组试验的最大位移差距较大,每一组相差达到 1mm,可见竖向增强体长度对沉降的影响较大,且溶洞内部充填软弱土体,因此推测竖向增强体侧壁摩阻力对承载力影响较大,后文 6.2.3 界面内力部分将继续阐述。

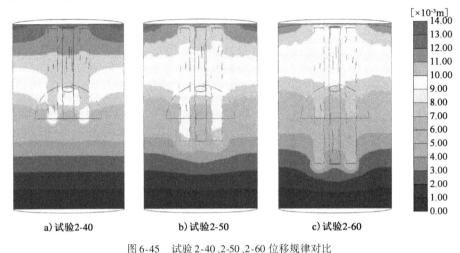

图 6-45　试验 2-40、2-50、2-60 位移规律对比

图 6-46 与图 6-47 为两种工况下试验的土压力模拟结果。

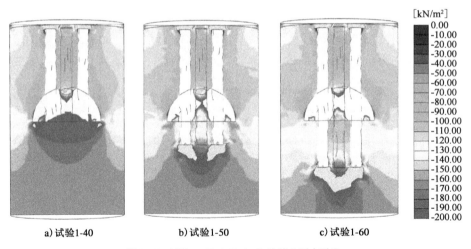

图 6-46　试验 1-40、1-50、1-60 地基土压力对比

对比试验 1-40 与试验 2-40,试验 1-40 底部的土压力较均匀,这是由于充填体与竖向增强体是一个整体,底部面积较大,相同的荷载情况下,不易发生应力集中,充填体将荷载分散。而其余几种工况的竖向增强体底部土体均产生应力集

中,因此可以看出,在有泡沫混凝土充填体的情况下,提高竖向增强体长度未能提高承载力,反而使得底部产生应力集中,不利于岩溶治理。

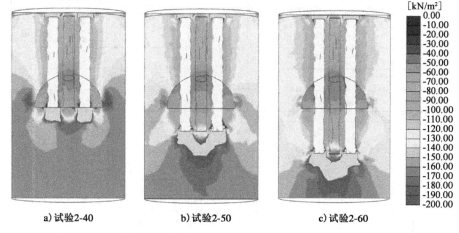

a) 试验2-40　　　　b) 试验2-50　　　　c) 试验2-60

图 6-47　试验 2-40、2-50、2-60 地基土压力对比

对比试验 1-50、1-60 与试验 2-50、2-60,前者溶洞底部的土体应力较大,说明充填体承担了一部分荷载,而竖向增强体底部的应力集中较少;后者溶洞底部的地基土压力较小,说明该部分土体承担的荷载较小,荷载主要由竖向增强体承担,而由于软弱土体对竖向增强体的侧摩阻力较小,因此竖向增强体底部承担了相当一部分荷载,应力集中明显。

图 6-48 为三组不同长度的竖向增强体的试验与数值模拟结果对比。观察三组试验在 $d=0$ cm 处地基土压力,可以发现,试验测得的中心与边缘的土压力接近,而数值模拟计算得到的结果是边缘受到的荷载较大,中心部分的荷载则非常小。推测是实际试验中由于竖向增强体材料强度较小,竖向增强体顶部的变形较大,因此竖向增强体与地基土很好地协调变形,因此中心部分土体承担的荷载相较于理想的数值模拟计算更大一些。

试验 1-40 的数值模拟结果与试验可以较好吻合,表明之前的推测合理,即充填体承担了竖向增强体受到的荷载并且均匀扩散到充填体(溶洞)底部。但在深度 $d=40$ cm 处,即充填体(溶洞)底部位置,在试验过程中测得的数据较大,即充填体底部承担了较大的荷载,而数值模拟结果中是竖向增强体底部承担了较大的荷载,推测是数值模拟中泡沫混凝土强度大,设置为理想弹塑性材料,因此变形较小,能将顶部荷载传至底部。而试验过程中,竖向增强体与土协调变形更好,承担的荷载较均匀。试验 2-40、2-50、2-60 的数值模拟结果与试验结果较为接近,不再赘述。

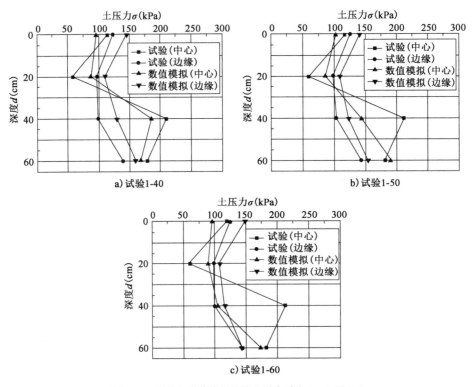

图6-48 试验与数值模拟地基土压力对比($p=150\text{kPa}$)

3) 荷载承担比

图6-49为试验与数值模拟的荷载承担比对比。由图可以看出,在加载初段,模型试验的承担比更高,即泡沫混凝土竖向增强体承担了更多的荷载。但随着荷载的增加,竖向增强体承担减小,推测是由于竖向增强体发生一定的变形,因此土体承担的荷载比例开始增加,荷载承担比开始下滑,但后端又趋于一稳定值。即在加载后端,竖向增强体与地基土体能相对协调地发生变形。而数值模拟中的荷载承担比一直是上升趋势,三者较为接近,也说明在数值模拟的理想条件下泡沫混凝土竖向增强体的变形较小。随着荷载的增加,地基土发生沉降后,竖向增强体的作用越

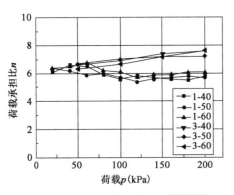

图6-49 试验工况一试验与数值模拟荷载承担比对比

发明显,承担荷载的比例更大。

6.2.3 竖向增强体与土界面内力

由于室内模型试验难以测得竖向增强体侧摩阻力与底部的压力,因此研究竖向增强体、充填体与土之间的界面内力,揭示竖向增强体的工作机理。选取试验 1-50、试验 2-50 在荷载 $p = 150\text{kPa}$ 作用下的计算结果进行对比。

(1) 竖向增强体顶部与底部应力

图 6-50 所示为竖向增强体顶界面压应力分布云图。在同一图例坐标下,可以看出,试验 1-50 中,泡沫混凝土竖向增强体顶部受到的压力明显大于试验 2-50。而图 6-51 所示的竖向增强体底部界面压应力分布云图却相反,试验 2-50 中泡沫混凝土竖向增强体底部受到的压力大于试验 1-50。对比两组试验,可以发现试验 1-50 中竖向增强体底部受到的压力"衰减"更多,说明试验 1-50 的竖向增强体侧壁提供了更大的侧摩阻力。而试验 2-50 中存在软弱土体,因此土体对竖向增强体提供的摩阻力明显小于试验 1-50,因此竖向增强体的承载力不如试验 1-50,但竖向增强体底部承担了更大的压力。

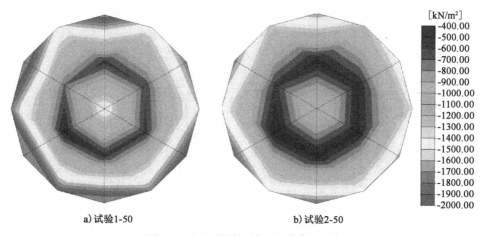

a) 试验 1-50   b) 试验 2-50

图 6-50 竖向增强体顶部压应力分布云图

(2) 竖向增强体侧壁摩阻力

从上文可知,工况一试验的竖向增强体底部提供了很小的反力,而竖向增强体顶端却承担了大部分的荷载,说明侧摩约束在其中发挥了很大作用,因此接下来考察竖向增强体侧壁所受的摩阻力。在 Plaxis 3D 计算软件中,竖向增强体的侧面界面被分成三段,分别是充填体上部、内部和下部。试验 1-50 的充填体上部与下部的界面为泡沫混凝土竖向增强体与泡沫混凝土充填体界面(实为一体),试验 2-50 的充填体上部与下部的界面为泡沫混凝土竖向增强体与软弱土体的接触面。

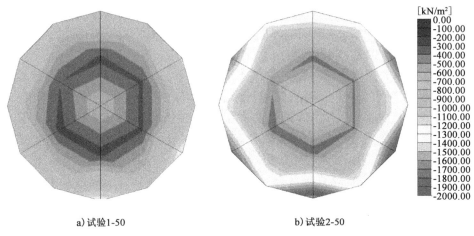

a) 试验 1-50   b) 试验 2-50

图 6-51   竖向增强体底部压应力分布云图

图 6-52、图 6-53 为两组试验竖向增强体上端与下端的界面剪应力分布云图,在同一图例坐标下,对比颜色,可以看出试验 2-50 中的泡沫混凝土与粉质黏土间的界面剪应力相比于试验 1-50 更大,提供了更大的侧摩阻力。

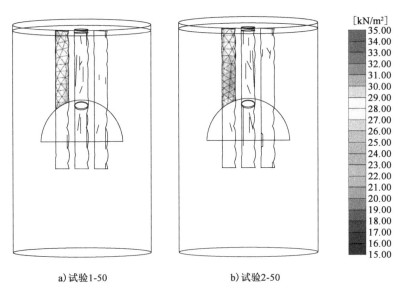

a) 试验 1-50   b) 试验 2-50

图 6-52   竖向增强体上端剪应力分布云图

第6章 岩溶土洞多元复合地基处理技术

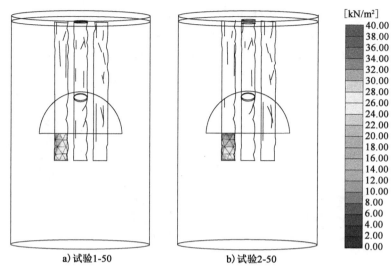

图 6-53 竖向增强体下端剪应力分布云图

而充填体内则相反,如图 6-54 所示,由于试验 1-50 中泡沫混凝土竖向增强体与泡沫混凝土充填体形成一个整体,其剪应力达到 5~15MPa,而试验 2-50 中泡沫混凝土竖向增强体与软弱土体的接触面剪应力仅 3~4kPa,相差较大。因此可以说明,泡沫混凝土充填体给泡沫混凝土竖向增强体提供了较大的承载力,同时分散给下部土体,因此工况一中的泡沫混凝土竖向增强体的工作机理更接近于端承桩,而工况二中的泡沫混凝土竖向增强体受竖向增强体长度影响较大,工作机理更接近摩擦桩或端承摩擦桩。

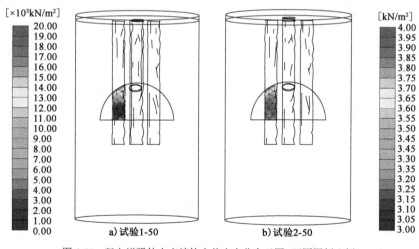

图 6-54 竖向增强体在充填体内剪应力分布云图(不同图例比例)

193

而从图 6-55 所示的充填体底部压应力分布云图也可看出,试验 1-50 中的泡沫混凝土竖向增强体承担的荷载传递到泡沫混凝土充填体后,泡沫混凝土充填体将荷载分散传递至溶洞下部土体,即溶洞下部的土体承担了部分荷载。而试验 2-50 中软弱土体充填体下部的土体受到的荷载非常小。

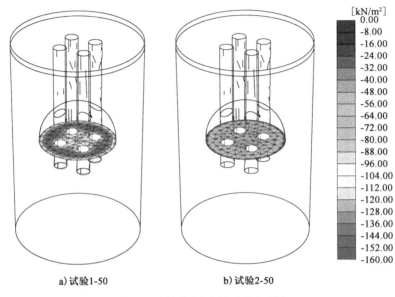

a) 试验 1-50　　　　　　b) 试验 2-50

图 6-55　充填体底部压应力分布云图

6.3　复合地基处理技术应用

泡沫混凝土劲性桩是一种复合载体,通过泡沫混凝土与预应力管桩的结合,扩大了整个桩体的摩擦面,提高了其抗压强度。同时,将劲性桩作为增强体嵌入地基土体中,与土体形成复合地基,在很大程度上提高了地基的承载能力,又有利于土体的稳定与平衡,是一种非常有效的岩溶塌陷治理措施。因此,本节主要围绕该新型治理技术展开研究,通过改变现场桩体的内外芯长度、直径、类型等条件,研究桩体及复合地基的承载力变化情况,从而以此评估泡沫混凝土劲性桩的实际应用效果。

6.3.1　现场概况

选择龙岩市新罗区某一工业区作为试验场地,场地及其附近地势较缓,地面高程在 288~308m 之间,属低丘缓坡地,为残坡积丘陵地貌,侵蚀基准面与地面高程高差较大,地下水埋藏较深。

根据地质勘察资料显示,场地揭露覆盖层主要为:①素填土层:分布于整个拟建场地,揭露厚度 0.50~23.60m,平均厚度 16.25m,主要由黏性土组成,为近期人工堆填,未完成自身固结和密实;②含角砾粉质黏土层:分布于整个拟建场地,揭露厚度 11.50~34.07m,平均厚度 22.44m,主要由粉黏粒组成,局部含角砾,含量 10%~20%,粒径 2~20mm,分布不均匀。

6.3.2 试验方案

试验方案如表 6-6 所示,主要分为 10 组,分别对比内芯不同类型、长度以及外芯不同长度、直径等情况,其中,设计外芯桩长 8~10m,桩径 600~800mm,内芯采用 PHC 管桩或 CFG 桩,桩长 6~10m 不等。

试验方案组数划分　　表 6-6

组号	内芯类型	内芯长度（m）	泡沫混凝土桩长度（m）	外芯直径（mm）	桩数
A	素泡沫混凝土桩	—	10	800	9
B	PHC500-100-AB	10	10	800	9
C	PHC400-95-AB	10	10	800	9
D	CFG 桩 C20 混凝土	10	10	800	9
E	PHC500-100-AB	8	10	800	9
F	PHC400-95-AB	8	10	800	9
G	PHC400-95-AB	10	10	600	9
H	PHC400-95-AB	8	10	600	9
J	PHC400-95-AB	6	8	600	2
L	PHC500-100-AB	6	10	800	3

6.3.3 施工工艺

施工工艺流程主要包括场地平整、桩位放样、钻机就位、钻孔及成孔检测、管桩起吊与安放、泡沫混凝土的制备与灌注、桩头的开挖处理等,整个过程一气呵成,在短时间内就能完成。下面详细介绍下各主要工艺的详细操作过程。

（1）桩位放样

根据测绘局提供的坐标控制点,将引测点引测到施工现场四周相对固定且不受施工影响的地方设置控制点,形成一个闭合网,各引测控制点形成通视,以便施工。之后将全站仪架于一个已知控制点上,利用后方交会法进行桩位放样。

(2) 钻机就位

在桩位复核正确、地坪高程已测定的基础上,钻机才能就位,钻机定位要准确、水平、垂直、稳固,钻机导杆中心线、回旋盘中心线应保持在同一直线。钻机就位后,利用自动控制系统调整其垂直度,然后进行钻孔。

(3) 钻孔及成孔检测

钻孔刚开始要放慢旋挖速度,并注意放斗要稳,提斗要慢,特别是在孔口5~8m段旋挖过程中要注意通过控制盘来监控垂直度,如有偏差及时进行纠正。当旋挖斗钻头顺时针旋进时,底板的切削板和筒体翻板的后边要对齐。钻屑进入筒体,装满一斗后,钻头逆时针旋转,底板由定位块定位并封死底部的开口,之后提升钻头到地面进行卸土。旋挖钻进及成孔过程如图6-56所示。

a) 旋挖钻进

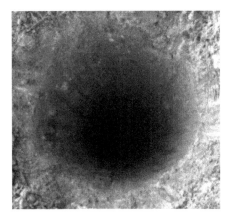
b) 旋挖干式成孔

图6-56 旋挖过程

由于采用干式旋挖钻孔,无泥浆护壁,为避免造成塌孔事故,钻孔过程中应注意这几点:①严格控制钻头升降速度,减小对孔壁的扰动,满钻斗提升速度控制在0.5m/s,空钻斗提升速度控制在0.8m/s;②及时清运孔口附近的钻渣,钻渣堆放高度不宜超过1m;③加强观察,若在钻孔作业过程中发现沉陷或变形现象,应及时停机处理。成孔后应进行成孔检查,检查内容有孔深、孔径、孔形、垂直度及沉渣,检验合格后应及时下桩和灌注,避免空孔闲置时间过长。

(4) PHC管桩起吊与安放

利用两条编织好的钢丝绳套的一端对称捆绑在距离桩头约50cm的位置,另一端钢丝绳套则套在吊车的大挂钩上,然后缓慢起吊,直到管桩与地面垂直,停止起吊,缓慢移动至孔口,管桩对中后,缓慢下放至孔底后扶正管桩取出钢丝绳,并固定桩头(短桩须焊接槽钢支撑架)保持居中。管桩下放过程应保持垂直,避免碰撞孔壁造成塌孔。管桩吊安过程如图 6-57 所示。

a) 管桩吊放　　　　　　　　b) 短管桩支撑固定

图 6-57　管桩吊安过程

(5) 泡沫混凝土的制备与灌注

现场泡沫混凝土的制备主要有以下几步：①配料制浆：首先将水倒入搅拌机内,按配比要求称好各种材料重量,并倒入输送机漏斗内,然后经过输送带将各种材料徐徐加入水中,搅拌 3~5min；②泡沫制备：调节发泡剂与水的吸入量比例,开动发泡机,将发泡剂水溶液制成 1mm 左右微细均匀泡沫[图 6-58a)]；③同时开启发泡制备和水泥浆输送,制成的泡沫与水泥浆在发泡机管道混合均匀后即形成泡沫混凝土,之后用浇注泵泵送至施工处。

a) 制成的泡沫　　　　　　　　b) 灌注后的劲性桩

图 6-58　泡沫混凝土制备与灌注

泵送前认真检查输送管及输送管接头是否完好,保证输送管不漏水方可使用。灌注开始前将输送管内残留的水排出,然后将输送管插入孔底,灌注开始后保持输送管埋入混凝土面下,避免输送管悬空灌注而造成泡沫消泡。灌注后的劲性桩如图6-58b)所示。

(6)桩头开挖及处理

如图6-59所示,根据检测要求,需要对桩头进行开挖以及部分进行切割,切割完后平整桩面,以便于桩身强度的检测。终凝后的劲性桩如图6-60所示。

a) 开挖桩头

b) 切割桩头

图6-59 桩头的开挖与处理

图6-60 终凝后的劲性桩

6.3.4 劲性桩单桩承载力分析

(1)劲性桩单桩承载力理论估算

根据场地土层分布,填土平均厚度16m,本次试验桩最长10m,为等芯及短芯桩,并且桩体在同一层土层中,便于对同一工况条件下泡沫混凝土劲性桩进行对比分析。泡沫混凝土抗压强度约6MPa,计算时考虑现场试验强度受影响,计算强度折减系数0.5。按照我国行业标准《劲性复合桩技术规程》(JGJ/T

327—2014)第4.3.2条来估算单桩竖向承载力特征值,计算的结果如表6-7所示。

规范公式估算极限承载力值　　　　　表6-7

组号	外芯		内芯		规范公式估算极限承载力(kN)
	直径(mm)	外芯长(m)	类型	内芯长(m)	
A	800	10	—	—	1500
B	800	10	PHC500	10	1734
C	800	10	PHC400	10	1734
D	800	10	C20混凝土500	10	1600
E	800	10	PHC500	8	1444
F	800	10	PHC400	8	1316
G	600	10	PHC400	10	1246
H	600	8	PHC400	8	1030
J	600	8	PHC400	6	814
L	800	10	PHC500	6	1156

从表中可以看到,单从理论承载力计算结果来看,A组承载力与其他小组相比互有高低,也就是说,素泡沫混凝土桩与内嵌有管桩或CFG桩的劲性桩相比,所能提供的承载力并不会太差。同时,对比B、C、D三组数据可以发现,在其他条件相同的情况下,内嵌桩体的类型或直径不同,劲性桩的理论极限承载力也不同,管桩相比CFG桩所能提供的承载力更大,且直径越大,承载力越大。而从B、E、L三组数据的对比中可以发现,随着内芯长度的减少,劲性桩理论极限承载力也逐渐减小,长桩相比短桩承载力更高。此外,从表中还可以获知,外芯长度的影响与内芯相同,长度越长,桩体承载力越高;而从整体的尺寸来看,桩体直径越大,桩体承载力越高。

(2)劲性桩静载数据分析

试验桩养护28d之后,根据估算的承载力值进行静载荷检测。但从检测报告来看,当加载达到理论预估极限值时,并未出现极限变形现象,因此推算实际的极限承载力会比公式推算的值要大,故对检测报告中的荷载(p)-沉降(s)数据进行曲线拟合,将桩顶沉降量作为因变量进行估算,当沉降量达到40mm时,其所对应的荷载即为桩体极限承载力。

根据范德温(Vander vecn)提出的基本假设，p-s曲线符合指数方程：

$$p = a \cdot (1 - e^{-bs}) \qquad (6-1)$$

其中，a、b为方程拟合系数。根据以上曲线方程进行拟合，如表6-8和图6-61所示。

曲线拟合及极限承载力估算　　　　表6-8

组号	外芯		内芯		指数拟合参数			预估极限承载力(kN)
	直径(mm)	外芯长(m)	类型	内芯长(m)	a	b	R^2	
A1-1	800	10	—	—	1882	0.094	0.994	1864
A1-3					1993	0.074	0.992	
B1-3	800	10	PHC500	10	2191	0.085	0.989	2069
B2-3					2092	0.084	0.978	
C1-3	800	10	PHC400	10	3157	0.059	0.991	2511
C2-3					2231	0.087	0.999	
D1-1	800	10	C20混凝土500	10	1600	0.117	0.978	1694
D1-3					1908	0.072	0.986	
E1-3	800	10	PHC500	8	1981	0.093	0.995	1937
E2-3					2015	0.082	0.989	
F1-1	800	10	PHC400	8	1856	0.076	0.999	1655
F2-3					1565	0.106	0.995	
G1-9	600	10	PHC400	10	1855	0.104	0.996	1998
G2-3					2313	0.069	0.991	
H1-7	600	8	PHC400	8	1648	0.082	0.989	1618
H2-3					1707	0.085	0.998	
J1-1	600	8	PHC400	6	1703	0.090	0.989	1601
J2-1					1563	0.110	0.986	
L1-1	800	10	PHC500	6	2074	0.049	0.987	1626
L2-1					1511	0.088	0.993	

第6章 岩溶土洞多元复合地基处理技术

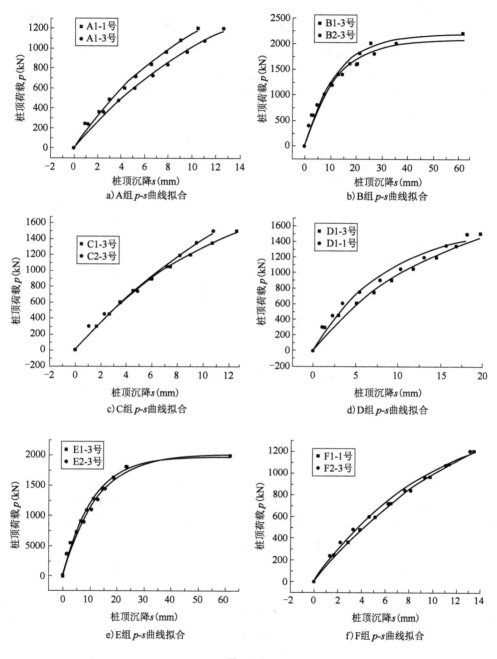

图 6-61

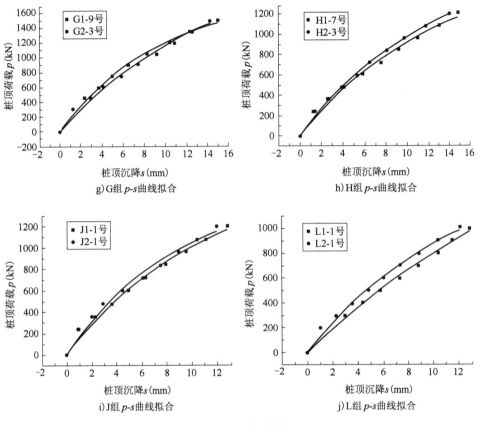

图 6-61 Q-S 曲线拟合

从图 6-61 和表 6-8 中可以看到,指数方程的拟合相关系数都在 0.97 以上,拟合效果十分良好,因而通过该方法估算桩体的极限承载力还是较为可靠的。同时,对比表 6-7 可以发现,相对于理论公式的估算,通过静载曲线拟合预估的极限承载力更大,是前者的 1.2~1.9 倍。也就是说,通过规范计算的单桩极限承载力相对比较保守,这也比较符合实际工程情况。

此外,通过对比各组数据,发现劲性桩极限承载力大小受控制因素影响的规律与前文一致,比如在同一外芯条件下,内芯采用管桩极限承载力更大,且直径越大,承载力越大(BCD 组、EF 组);在同一内芯条件下,外芯直径越大,极限承载力越大(CG 组),这主要是由于直径越大,桩体与土层的摩阻力及端阻力越大;在其他条件相同情况下,等芯桩相比短芯桩单桩极限承载力更大(BEL 组、CF 组、HJ 组),这是因为等芯桩的内芯与外芯间的侧摩阻力更大;从成桩方式上来看,内嵌管桩外注泡沫混凝土的桩体极限承载力最大,素泡沫混凝土桩次之,内嵌 CFG 桩的劲性桩最低(ABD 组)。

(3)劲性桩复合地基分析

根据静载指数拟合曲线所推算出来的单桩极限承载力,按照规范公式进一步计算复合地基承载力特征值,并对比复合地基实测数值,如表 6-9 所示。

复合地基承载力计算值与实测值汇总表 表 6-9

组号	外芯		内芯		计算地基承载力特征值(kPa)	实测地基承载力特征值(kPa)
	直径(mm)	外芯长(m)	类型	内芯长(m)		
A	800	10	—	—	298	260
B	800	10	PHC500	10	320	290
C	800	10	PHC400	10	297	290
D	800	10	C20 混凝土 500	10	265	290
E	800	10	PHC500	8	292	260
F	800	10	PHC400	8	260	260
G	600	10	PHC400	10	302	290
H	600	8	PHC400	8	259	260

从表中可知,根据估算单桩承载力进而计算的复合地基承载力特征值,与实际复合地基检测的地基承载力特征值较为接近。再一次表明式(6-1)的指数曲线方程拟合静载数据的准确度是可靠的,从而可以为工程设计人员计算和预测单桩及地基承载力提供计算思路和参考依据,具有一定工程应用价值。

第7章　岩溶土洞塌陷的综合治理技术

7.1　岩溶塌陷综合治理技术

岩溶地区地面的不稳定性已广为人知,在地表出露的漏斗、竖井、落水洞、洼地等,都是自然营力作用下地面塌陷的痕迹。它是一种缓慢的自然发展过程,称之为自然塌陷。然而,随着人类工程活动的日益增强,主要表现为因工农业及人类生活需要大量开采地下水、矿山井巷排水、建筑基坑排水等,加剧了这一自然发展过程,使地表迅速产生大量新的塌陷,又对工、农业、基础设施及人类生活产生了严重影响。如贵州遵义、六盘水、安顺、兴义等地都有一些典型的例子,这种塌陷是人为因素诱发的塌陷。

目前,主要的人为诱发因素主要有以下几种:

(1)抽排水、供水、采矿、水库蓄水等:包括露天凹陷石灰石矿开采、地下空间开发、地下开采大量抽排水、地下水回灌、水库蓄水等。水位强烈下降或急剧升降导致天然流场改变,形成大水力坡度、大水流速度,从而导致大范围的地面塌陷。在采空区周围常发生岩石破裂、垮落,地面出现开裂变形和塌陷。如我国贵州省某构建厂由于大量抽取地下水引起的岩溶塌陷(图7-1),美国俄克拉荷马州过度采矿引起的岩溶地面塌陷(图7-2)。

图7-1　贵州某构建厂抽水引起岩溶塌陷

图7-2　俄克拉荷马州采矿引起岩溶塌陷

(2) 勘探和基础施工:包括地质钻探和桩基工程施工等,该类因素诱发塌陷区主要分布在城市中心区,与城市建设关系密切。据不完全统计,广花盆地可溶岩区由于钻机和桩基施工诱发的地面塌陷超过 14 起,占总塌陷的 3.1%。2003年 9 月 11 凌晨,广州珠江大桥扩建工程的施工桩基础施工钻至地表下 28m 时,由于击穿埋藏型可溶岩隔水顶板,进入较大地下溶洞,引发地面塌陷,塌陷直径 21m,面积约 300m²,深约 10m,塌陷没有造成人员伤亡,但造成三条车道被切断,交通出现大堵塞,如图 7-3 所示。

(3) 地面加载:在地下存在岩溶洞穴或土洞情况下,受外部动态或静态荷载作用,如人工爆破和车辆运行震动、堆载等,在外部荷载超过洞穴顶板承托力时会导致地面塌陷。如贵昆铁路沿线自通车以来,由于受到车辆运行振动影响,陆续出现岩溶地面塌陷,见图 7-4。

图 7-3　广州珠江大桥桩基施工引发塌陷

图 7-4　贵昆铁路岩溶塌陷

(4) 基坑开挖:随着城市建设不断发展,城市高层建筑成为现代城市建设的特征,地下空间利用也逐渐成为当今城市建设的重要内容。岩溶地区基坑开挖常诱发较多的环境工程地质问题。如基坑排水常诱发地面塌陷,其实质是抽水引起以基坑为中心地带的局部地下水位下降,破坏了水文和工程环境地质条件原有的平衡,岩体上部土层失去了地下水的浮托作用,以及在地下水对土层的潜蚀作用下,极易产生岩溶地面塌陷,从而对其影响范围内的地面和地下建(构)筑物造成影响和危害。如广西桂平航电枢纽大坝因基坑开挖遇强岩溶透水地基渗漏,基坑发生塌陷而导致无法施工,如图 7-5 所示。

图 7-5　广西桂平航电枢纽基坑开挖岩溶透水引发塌陷

从上文可以看到，岩溶塌陷地质灾害已经严重影响了人居环境、工程建设、人身安全、交通运营、工农业生产等社会公共财产和安全，成为我国制约基础设施建设和经济发展的主要因素之一。通过前期的野外调查、现场勘察、试验测试、监测预警等手段能够让我们对眼前发生的岩溶塌陷的诱发因素、形成机理、演化过程等有一个客观的认识。但归根结底，在获得这些关键性信息之后，更应该去思考如何解决和处理它，如何通过更加安全合理而又经济环保的方法，尽一切可能避免和减少岩溶塌陷所带来的危害。

从目前来看，我国已经形成一套比较成熟和完整的综合治理技术，其治理的问题包括许多方面，例如：如何合理抽排地下水而不影响工程建筑结构；如何根据现场条件和地基性质进行妥善治理和加固；如何对地表水和降雨进行防渗及改道；如何及时处理井下突水问题等。面对这些问题，现阶段主要有以下几种治理措施和方法。

7.1.1 注浆法

注浆法是指利用液压、气压或电化学原理，通过注浆管把浆液均匀地注入地层中，浆液以填充、渗透和挤密等方式，将原来松散的土粒或裂隙胶成一个整体，形成一个结构新、强度大、防水性能好和化学稳定好的"结石体"，如前文所述的泡沫混凝土注浆的方法就是其中一种。这种方法主要针对众多的小型设备基础及辅助用房下的浅层多溶洞及软弱土，处理范围广，但造价低，采用注浆处理时，需控制掌握好注浆的参数。

7.1.2 夯实法

该方法是把 10～20t 的夯锤提升到某一特定高度，让夯锤自由落下，利用重锤下落时产生的巨大冲击波对土体进行夯实、加固，是一种常用的地基处理方法。这种方法适用于大面积的塌陷区和软弱地基，主要通过增加土体的密实度、降低土体的压缩性，从而提高土体的抗塌力。另外，强夯的作用还可以破坏埋深较浅的隐伏土洞，起到消除隐患的作用。

7.1.3 垫填法

该方法主要包括充填、换填、挖填以及垫褥四种类型。洞穴埋深较浅时，可以挖出其中松软物质，填以碎石、混凝土等，相比黏聚力较大的土体而言，它有不易被水冲刷、侵蚀掏空的优点，同时也能提高地基的强度。另外也可以部分挖除软弱层而分层垫以强度较高的砂砾石等材料，或者对埋深较大的土洞采用钻孔充填混凝土浆液的方法，从而起到提高地基承载力的目的。

7.1.4 跨越法

当基础下溶洞、洞隙较小时，可采用跨越法处理。即把基础设计成钢筋混凝土梁横跨于溶洞之上。但前提是溶洞周围的岩体必须完整、稳固，或者采用托板法跨越塌陷区。这种方法在国内也较为普及，如李名桂在处理由于岩溶发育、地基塌陷造成墙体开裂的大型建筑时，提出了托板治理的方法，根据塌陷建筑物基础走向，在基础内外两侧各布置一排钻孔桩，钻孔桩嵌入基岩，然后在桩顶上现浇承台梁，在承台梁与原有建筑物基础间安装托板，之后再用压力灌浆法将托板与建筑物基础连结成整体。方宗正也采用同样的方法对岩溶塌陷造成开裂的建筑物进行加固，加固后建筑物均无新的沉降。

7.1.5 桩基法

对于地层较厚且洞穴埋深较深的溶洞或溶洞群和基岩面不平易发生地表不均匀沉降的塌陷区，可钻孔或挖孔至稳固基岩面，采取桩基础作为承重结构。但桩的类型多种多样，拥有各自的优点和不足，在用桩基础处理岩溶问题的时候要慎重选择桩的类型。其中，桩的分类主要有以下几种：

(1)预制桩：主要是钢筋混凝土预制桩，但受其长度的限制因溶洞深度各处不一而难以控制，常常需要截断或重新制作。

(2)灌注桩：包括沉管、钻孔、冲孔及人工挖孔桩等，它们的优点是承载力大，且不受长度和桩径的限制，但这种桩易发生桩端无法埋入基岩中的情况，且易偏斜，在软土中施工困难，且不能处理凹槽和浅层溶洞等缺点。在岩溶地区，对于一些大型建筑，大直径钻(冲)孔灌注桩是一种十分重要的桩型。当上部结构荷载大，而桩端遇岩层时，则制作嵌岩桩。

(3)碎石桩和水泥土深层搅拌桩：在软弱地基中，往往采用以碎石、卵石等粗粒形成的碎石桩和水泥土深层搅拌桩。其中深层搅拌法通常利用水泥等材料作为固化剂，使用特制的深层搅拌机械，在地基深处就地将软土和固化剂(浆液状或粉体状)强制搅拌，利用固化剂和软土之间产生一系列物理—化学反应，将软土硬结成具有整体性、水稳定性和一定强度的优质地基。可应用于6～12层多层住宅、办公楼，单层或多层工业厂房。

(4)钢管桩：上覆土层受巨型荷载或动荷载作用，对地基沉降有严格控制，或者当施工中遇到石柱、溶沟、陡崖壁时，处理极为困难，此时可通过在桩位处打孔并通过此孔下放钢套管至基岩面，再通过刚套管下钢筋笼并浇灌混凝土，也可直接使用钢管桩和挖孔桩的整体作为复合桩使用。在国内，许多专家、学者在这方面有着十分丰富的经验，如王东辉[34]采用微型钢管桩加固岩溶地区既有桥墩基础,根据桥墩设置微型桩数,通过新增承台与原桩基础形成承托达到加固作用;马琳琳采用钢管桩对某工厂重型设备及动荷设备的基础加固,采用有孔钢管为灌浆孔进行灌浆,并利用钢管桩支承在完整灰岩中,获得较大的桩端承载力,最后在钢管内灌注强度较高的水泥砂浆成为钢管桩,见图7-6。

(5)高压旋喷桩:利用高压射流技术喷射水泥等固化浆液,破坏地基土体,并强制土与水泥等固化浆液混合,形成具有一定强度的加固体。工程上常用固化浆体为水泥浆。高压喷射注浆技术在岩溶地区地基处理中有着重要作用,它具有施工速度快、应用范围广的优点。在这项技术上,日本始终保持着世界领先地位,先后向欧美和亚洲许多国家进行了技术输出。我国对这种技术研究开发和应用也比较早,1972年就开始涉及,到现在为止,该技术已经成为常用的地基处理方法之一。如陈幸福采用高压旋喷处理人工挖孔桩桩底的岩溶地基,提高桩端持力层承载力及强度;马琳琳采用高压旋喷注浆针对厂房基础加固,形成旋喷桩,并在桩端及承台底部进行复喷,以达到类似扩孔桩的效果,见图7-7。

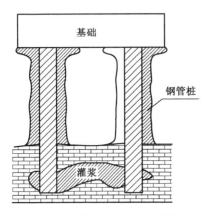
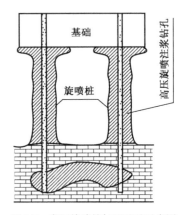

图7-6 钢管桩加固基础示意图   图7-7 高压旋喷桩加固基础示意图

(6)CFG桩:它是水泥粉煤灰碎石桩的简称,由水泥、粉煤灰、碎石、石屑加水搅拌而成,与周围岩土体黏结形成复合桩。通过地基加固处理,可提高地基土的承载力和模量,并使桩体分担部分荷载,以处理后的复合地基筏板基础承受上部结构的荷载。在岩溶地区高层建筑地基加固处理中比较常见。如廖永庆通过CFG桩与压力灌浆组合加固一上部建筑为8层框架结构的技术中心楼,采用以CFG桩为主,压力灌浆为辅形成复合地基,最大限度发挥了场地的特点。

7.1.6 水处理法

除了地下水,地表水的处理也要加以重视。地表水向地下水的补给是造成渗压、导致岩溶塌陷的重要诱因,因此治理地表水要十分注意水的下渗问题,可以通过设置专用排水沟渠、清理疏通河道、铺设防渗幕布、换填表层地基等方式减少地表水的入渗。总的来说,应该遵循"以疏为主、堵排结合、因地制宜、综合治理"的原则加以治理。而地下水的处理则要聚焦于水位的升降问题,频繁的水位动态变化极易在土体内部产生各种不良效应,如潜蚀效应、真空吸蚀作用、气爆影响等,破坏土体的平衡进而引发塌陷。针对这一问题,在合理控制地下水位的同时,可以主动采取水位恢复、钻孔排气、帷幕止水等方法进行处理,从而保持地下水位的稳定。

由此可见,目前国内对于岩溶塌陷治理技术的研究已经日趋成熟,治理手段和方法较为丰富和多样化。但是,在实际工程中,单一的治理措施往往达不到理想的治理效果,需要在治理过程中因地制宜,在综合考虑各种方法的优劣之后,选择最优的方案进行综合治理。

7.2 岩溶塌陷综合治理技术应用

2008年3月~2009年12月,龙厦铁路象山隧道施工时连续发生大规模岩溶突水现象,造成地面村庄及附近地区出现地表开裂、建(构)筑物损坏、房屋倒塌、地面沉降和塌陷等地质灾害。其中,位于南面200m的新丰水泥公司更是首当其冲,其内部生产区建筑物、构筑物、设备、管道、道路等都受到了严重破坏,造成大规模的地面沉降和房屋开裂,公司也因此被迫停产,经济损失达4亿元以上。针对此次重大的岩溶塌陷险情,新丰水泥公司多次聘请有关单位及专家进行会议讨论,最终形成多个科学可行的治理方案。鉴于此,下文选择该事件作为典型案例进行叙述,主要围绕该案例中灾害形成的原因、治理问题的提出、治理方案的优化、治理技术的应用以及最终综合治理的效果展开分析和讨论。

7.2.1 新丰水泥厂地质简况

福建春驰集团新丰水泥厂位于区域构造的龙漳复向斜西翼,褶曲轴向以北东走向为主,区内断裂构造发育,以NE和近NW为主,受断裂构造破坏,构造复杂。受构造的影响,区域内灰岩溶蚀的溶隙、溶槽、溶洞极为发育,通过本次隧道透水状况宏观分析,区域内岩溶水连通性较好,透水性好。

在地貌上,新丰水泥厂属山间盆地地貌单元,南高北低,北侧地段为厂区,现有地面高程为567~580m,高差约13m,呈缓坡状过渡;南侧地段为宿舍楼,地面高程为560~565m,高差小于5m,场区西侧有一条由南往北的河流。场地北侧为民房及农田,场地东侧为319国道,均较平坦开阔。场地南侧及西侧为中低山地貌单元,相对高差60~100m,坡度25°~35°,局部斜坡坡脚地段已被开挖形成人工挖方边坡,高约10m,基岩裸露。场地东西两侧地形总体上东北走向。本场地周边的地形地貌有利于地表水向水泥厂场地内汇集。

地质钻探揭露,本场地自上而下根据岩土体类别可分为五层,分别为杂填土层、粉质黏土层、碎卵石层、粉砂岩层以及灰岩层。

在水文地质上,新丰水泥厂厂区东侧、南侧及西侧均为中低山及冲沟,地势较高,地表水从山坡向沟底处的场区汇集,汇水面积达约$4km^2$,北侧为山间盆地,较平坦开阔,是地表水排泄区。场地地处山区,坡度较陡,径流系数大,汇流时间短,水量及水流速度大,西侧小溪为其他矿区抽排矿水的通道,水量$1.09m^3/s$。岩土层中泥质碎石渗透系数较大,富水性较强,黏性土类的渗水性较差,弱富水性。下伏粉砂岩、中风化灰岩,粉砂岩富水性差,透水性也较差,灰岩中发育溶洞,分布不均,具有强的富水性,水文地质条件复杂。

7.2.2 灾害原因分析

龙厦铁路象山隧道位于福建省龙岩市新罗区境内,2006年开工建设,是全线最长的双洞单线隧道和最重要的控制工程。隧道左洞长15898m,右洞长15917m,最大埋深830m,地质条件极为复杂,斜井和正洞穿越煤层、岩溶地层、断层破碎带,下穿村庄、水库、河流等诸多不良地质段。象山隧道突水发生后,造成新丰水泥厂厂区地面塌陷和沉降,在调查塌陷区工程地质环境条件基础上,分析其主要原因如下:

(1)隧道布置于地表下约160m的钙质砂岩中,从东、西两侧相向施工,中途切穿了F1断层。由于该断层岩层破碎,断层破碎带沟通了上部富水性极强的岩溶含水层,使大量的岩溶地下水涌入隧道而突水,断层两侧水位落差达30~60m,形成跌水陡坎。另外,盆地地下水天然径流量为$244m^3/h$,而稳定后的突水量达$603m^3/h$,表明地下水静储量消耗了约$359m^3/h$,由于大量的地下水静储量被疏干,造成地下水位下降,在岩溶和第四系含水层中形成北西向、条带状巨型的降落漏斗,漏斗内最大水位落差达150m左右。地下水位的快速下降使土体内有效孔隙水压力减小或丧失,破坏了土体内力平衡,在重力和向下的水动力作用下造成覆盖土层的下沉与塌陷。

(2)由于场地多发育土(溶)洞,尤其在溪流两侧一级阶地上,覆盖层厚度较薄、水力联系好、地下水活动强烈,急剧形成的巨大地下水位落差在上述部位产生虹吸现象,扰动或冲刷冲洪积层和岩溶通道,带走了大量的盆地上覆土体和溶洞充填物,导致土体内部被掏空。

(3)构造带和灰岩底板附近,由于岩层破碎、地质环境脆弱、地下水活动强烈、岩溶较发育,当地下水位下降后,上部冲洪积层和溶洞充填的岩土体更易发生变形,这是造成岩溶塌陷点分布广、规模大的主要因素。

7.2.3 灾害治理主要问题

此次灾害严重影响了地面建筑、居民饮水及场地设备的正常运行,产生许多大小不一的问题,对灾后治理措施的执行和落实造成巨大挑战。其中,主要的问题有以下几点:

(1)新丰水泥厂厂区建筑物、设备较多,提供可施工的范围小,不适宜大型机械设备进驻场地,在不拆除厂房和大部分设备的情况下进行灾害治理,以及在治理期间,灾害治理尽量不影响正常设备的运作。

(2)灾害发生突然,治理工期紧,资金紧缺,需要综合考虑经济、工期及可靠性等方面的灾害治理方案,以尽快恢复工厂生产。

(3)需要进行灾害治理的面积大,涉及厂房和设备众多,且不同设备地质和基础不同,属国内外罕见的岩溶地区大面积岩溶塌陷后进行灾害治理的大型工业建筑地基基础加固。

针对上述几个问题,本次灾害治理根据建(构)筑物结构形式、基础形式与地质情况,进行多方案对比,选择最适合的地基处理及基础加固方案,对产生不均匀沉降建(构)筑物的地基基础进行加固处理,以达到满足承载力、地基变形的要求,同时确保造价较低,工期短。

7.2.4 治理方案对比与分析

经过数十次召集有关专家进行反复研究论证,根据地灾不同时间不同地段的各种情况,提出了许多科学可行的方案。

(1)整体搬迁方案

有专家认为,透水事件发生后,厂区的地壳产生变动,整个场地已经不稳定,加固后的建筑仍旧会产生不均匀沉降,建议另选地址重建。此方案的主要困难有:①厂区面积大,对周边环境有较大影响,再找一块地进行重建不容易,且寻找场地及重建耗时长,影响正常生产;②搬迁重建的费用约10.5亿元,代价太高;③停工期间间接损失4亿元左右;④需要遣散管理人员及工人,重建后招工困难,如不遣散,需支付职工工资、福利及社保等每年一千多万元。

(2)部分拆除重建,部分加固处理方案

有专家建议,对变形较大的建(构)筑物,采取拆除重建,变形较小的采用加固处理。如有关单位认为可将磨机基础推倒重修。但拆除重建部分建筑物将会影响正常生产,工期也较长。要拆除的建筑物重建及设备采购、安装等费用约在4亿元,工期在3年以上。

(3)治水方案

因隧道透水还未完全截堵,有专家提出在新祠盆地中采用防渗墙截水方案。新祠盆地呈条带状,东西宽160~250m,岩溶地下水流通道可视为一条"地下暗河"。在竖井中见有辉绿岩脉,厚度35~40m,埋深50m以上,呈风化—半风化状,风化后呈泥岩,其透水性极差,可视为隔水层。根据南、北两条断层产状推测,辉绿岩脉走向为北东向横切盆地,1号、2号脉走向长度分别为160m和300m。部分专家建议在此两条脉中帷幕注浆形成阻水墙,抬高盆地岩溶地下水位,恢复盆地水文、工程地质条件,有利于厂区基础加固工程的实施,同时防止隧道放水时对盆地产生二次破坏。具体治理方式详见图7-8。

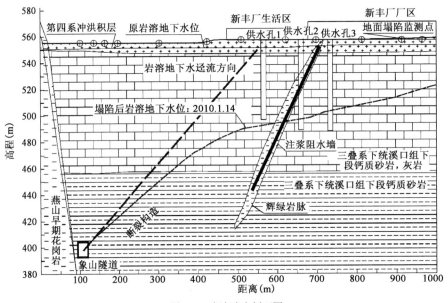

图7-8　岩溶治水剖面图

(4)加固处理方案

经过沉降观测数据分析,后期沉降较为稳定,建筑物未再继续沉降变形,沉降数值大都在可处理范围。因此认为地壳板块运动的可能性不大,建筑物及地

面变形主要是由于地下水快速下降引起。结合厂区实际情况,课题组提出采用基础加固方案,待基础加固后再对受损的上部结构进行加固处理。经过专家会议讨论,大多数专家的意见是对变形较大的几个装置采用基础加固处理,基础加固后对上部结构进行加固。

治理的方案主要有以上四种,单从方案的可行性来说,治水方案操作难度大,风险高,且即使止水成功,厂区内建筑基础及结构仍需加固。除了治水方案,其他的三个方案都有其自身的优势所在,如果可以按照预期计划顺利进行,不见得哪一个方案能够有更好的效果。但是对于一个企业来说,经济效益永远是一个不可忽略的因素,因而如果从造价预算以及施工时间来考虑,加固方案相对其他两者显得更为经济和合理。因此经过专家反复讨论,最终采用了这一方案。

7.2.5 加固治理技术的应用

经多家科研院所及众多专家学者集思广益,在选择加固方案的基础上,根据现场的施工条件、地质环境、基础设施等现状,主要采用高压旋喷桩、人工挖孔桩、低压注浆法等常见的简单而有效的技术方法有针对性地综合加固治理,通过相互间的搭配应用,取得了不错的效果。

其中,高压旋喷桩主要利用高压水流连续和集中作用于土层,对土层产生巨大的冲击破碎和搅动作用,通过注入浆液,使浆液和土拌和均匀并凝固为新的固结体,从而达到对不良地基的加固效果,起到控制沉降的作用。但是高压旋喷桩钻进成孔采用泥浆护壁,会产生大量泥浆,造成污染;同时高压旋喷需要具备地质成孔设备、搅拌制浆设备、供气、供水、供浆设备、喷射注浆设备、控制测量检测设备等,成本较高;并且新丰水泥厂大部分建筑可施工的空间较小,施工困难,所以选择时需要慎重考虑。但如果场地施工条件较好,且只需着重对重型设备基础加固时,便可以适当采用。本次新丰水泥厂烧成窑头就是采用高压旋喷桩结合低压注浆进行加固,效果良好。

人工挖孔桩施工设备简单、操作方便、受场地限制小、无噪声、无泥浆排放、质量可靠,因而得以广泛的使用,特别是在施工场地狭小的情况下可以弥补大型机械的不足。如果建筑存在良好持力层时,可以采用人工挖孔桩,但由于本场地溶洞及土洞发育,地质条件差,人工挖孔桩施工容易导致孔壁塌陷,引起上部结构不均匀沉降。为消除安全隐患,减小开挖深度,提高桩端的承载力,可将压力注浆技术引入到挖孔桩施工技术中。采取扩大结构原有基础承台,人工挖孔桩顶托承台,使原基础和新基础同时分担上部结构荷载,并在挖孔桩侧预埋注浆管。一方面进行压力注浆,即浆液通过渗透、劈裂、充填和挤密土颗粒进行胶结,形成复合地基,改善土体力学性能,大幅度提高桩端承载力,减小沉降;另一方面可以作为溶洞勘察导管,检查持力层范围内是否存在溶洞及土洞,且挖孔桩施工速度快、造价低、施工工艺简单。新丰水泥厂1号、2号、3号水泥磨、窑尾框架、粉煤制备及输送、烧成窑中均是采用人工挖孔桩结合低压注浆方案进行加固处理。

低压注浆法是指利用液压、气压或电化学原理,通过注浆管把浆液均匀地注入地层中,浆液以填充、渗透和挤密等方式,将原来松散的土粒或裂隙胶成一个整体,形成一个结构新、强度大、防水性能好和化学稳定好的"结石体"。注浆压力一般为 0.5~4MPa,主要针对众多的小型设备基础及辅助用房下的浅层多溶洞及软弱土,处理范围广,造价低。相对其他加固方法而言,注浆法在岩溶地区加固使用较多,技术较成熟。新丰水泥厂成品库及包装房、原煤存储库、水泥配料站、余热发电工程、粉砂岩、砂岩及石灰岩破碎、石灰石均化堆场、水泥存储库、熟料库、均化库均采用低压注浆方案进行加固处理。采用注浆处理时,需控制掌握好注浆的参数,并根据场地情况调整注浆浆液配合比。

7.2.6 加固效果分析

整个场地需要进行加固的范围较大,为节省篇幅,选择几个有代表性的建(构)筑物的加固过程进行分析,通过对比加固前后的变化特征,分析和总结各个技术方案加固效果的优劣。

1)1号、2号、3号水泥粉磨车间

(1)结构形式及地质简况

1号、2号、3号水泥粉磨车间主体为现浇钢筋混凝土框架结构,一、二层框架设填充墙,顶层设两个防雨钢房,建筑高程26.6m。水泥粉磨基础采用现浇混凝土独立基础,埋深-2.50m。岩土层分布有杂填土、含角砾粉质黏土、泥质碎石、碎块状强风化粉砂岩以及中风化灰岩。水泥粉磨车间处在岩溶发育地带,灰岩上部存在一层饱和、软塑状的溶洞充填物,该层物理力学性质差,压缩变形量较大。

(2)结构受损情况

通过现场检查发现,水泥粉磨车间混凝土框架梁、柱、板构件均出现了一定数量的裂缝。部分构件侧面多处出现竖向或斜向结构层裂缝。围护墙体出现多处明显沉降裂缝,车间顶部发生明显的水平方向位移,地面出现裂缝。具体的结构受损情况如图7-9所示。

第7章　岩溶土洞塌陷的综合治理技术

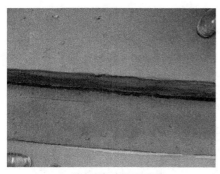

a) 3号磨电机房地面开裂　　　　　　b) 水泥粉磨车间墙体开裂

图7-9　水泥粉磨车间受损情况

(3) 地基基础加固方案

对1号、2号、3号水泥粉磨车间采用人工挖孔桩结合低压注浆方案进行加固，既大型设备基础采用扩大其原有承台基础并用嵌岩人工挖孔桩顶托承台，充分利用原有基础与新挖孔桩基础共同承担上部荷载，挖孔桩桩侧预埋注浆管进行注浆，充填桩端溶洞及土洞，提高桩端承载力。加固区域地基土采用注浆进行破碎地基土处理，提高地基土强度。

水泥粉磨车间加固采用的人工挖孔桩桩径1000mm，护壁厚度150mm，以中风化灰岩为持力层，要求桩端进入完整基岩不少于0.5倍桩径且不少于0.5m，并在挖孔桩内侧预埋两个直径160mm的注浆管，一方面进行注浆，提高桩侧摩阻力，另一方面可用于观察地基土中溶洞、土洞位置，并对溶洞及土洞进行注浆。

低压注浆引孔直径大于110mm，引孔通过标贯试验来摸清石灰岩上部覆盖土层与石灰岩交界处的土体强度，且必须穿越土洞、溶洞，进入灰岩8m。采用标号P·O32.5水泥，配合比为水泥：粉煤灰：重钙粉＝1:2:2，水灰比按1:1、0.75:1两个等级。注浆管采用2根DN20焊接管，分别为一次、二次注浆，管底1m做成花管。采用纯压注浆，注浆压力为0.5～4MPa，一般控制为1MPa，最大压力4MPa。注浆时先外围后内部，跳孔注浆。

具体加固方案平面图如图7-10、图7-11所示。

(4) 加固效果分析

水泥粉磨车间于加固治理前后分别进行了长时间沉降观测，经过计算后的平均观测量如表7-1所示。由表可以看到，经过治理后，一期的水泥粉磨车间累积平均沉降量为6.51mm，二期的水泥粉磨车间为2.51mm，相比于加固前的17.60mm和12.15mm，沉降量已经大幅度减小。加固处理后，水泥粉磨车间的变形稳定，设备能够进行正常运作(图7-12)，加固效果显著。

215

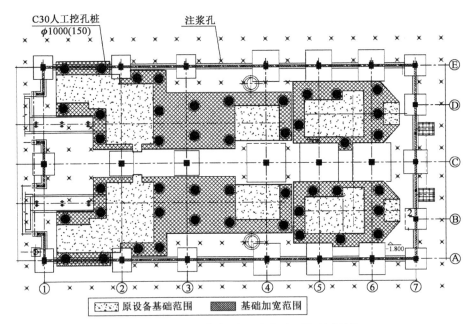

图 7-10 1号、2号水泥粉磨车间加固方案平面图(尺寸单位:mm)

水泥粉磨车间累积平均沉降量加固前后对比 表 7-1

加固位置	累积平均沉降量(mm)	
	加固前	加固后
水泥粉磨车间一期	17.60	6.51
水泥粉磨车间二期	12.15	2.51

2)窑尾

(1)结构形式及地质简况

窑尾底层为钢筋混凝土基座,上部二至七层为钢结构塔架,有钢管混凝土柱支撑框架结构。建筑物高度 88.40m,周边及内部砌筑 240mm 厚的实心砖维护墙体。基础形式采用桩基础,各混凝土框架柱下布置三根桩。窑尾框架主要岩土层从上至下分布有:杂填土、含碎石粉质黏土、含角砾粉质黏土、泥质碎石、砂土状强风化粉砂岩、碎块状强风化粉砂岩、破碎灰岩以及中风化灰岩。

(2)结构受损情况

窑尾一层混凝土框架多数混凝土柱构件表面出现大量水平裂缝,部分混凝土梁构件端部侧面多处出现斜裂缝。上部结构产生明显整体倾斜,地基有较大的不均匀沉降及地面不同程度的开裂。具体的结构受损情况如图 7-13 所示。

第7章 岩溶土洞塌陷的综合治理技术

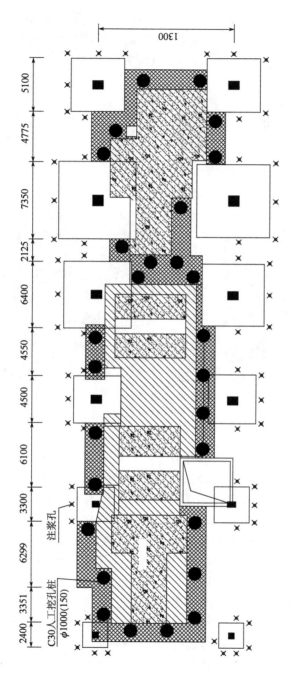

图7-11 3号水泥粉磨车间加固方案平面图(尺寸单位:mm)

图 7-12　水泥粉磨车间正常生产运作

a) 窑尾倾斜　　　　　　　　　　　　b) 底座开裂

图 7-13　窑尾受损情况

(3) 地基基础加固方案

窑尾框架高度 88m 左右,是整个建筑场地最高部分和核心部分,设备较多。场地岩溶发育,地质条件复杂,尤其是二期烧成窑尾,原桩基础桩端处于薄层灰岩顶部,灰岩充填溶洞较发育,在上部荷载作用下,有可能局部切穿灰岩进入溶洞。一期窑尾采用人工挖孔桩扩大原有承台,二期窑尾采用人工挖孔桩结合注浆进行,对结构沉降位移较大部分基础进行扩大原桩基础承台,并在人工挖孔桩进行预埋钢管注浆,胶结溶洞充填物,沉降较小部位进行低压注浆,以提高地基土承载力,减小结构的不均匀沉降。

一期窑尾采用人工挖孔桩方案,人工挖孔桩桩径 1200mm,护壁厚度 175mm,以中风化灰岩或强风化粉砂岩为持力层,嵌岩桩要求桩端进入完整基岩不少于 0.5 倍桩径且不少于 0.5m,非嵌岩桩满足进入持力层 $2d$ 要求的同时,桩长不小于 20m。同时,在挖孔桩内侧预埋一根直径 160mm 的注浆管,一方面进行注浆,提高桩侧摩阻力,另一方面可以用于观察地基土的溶洞位置。

二期窑尾采用的人工挖孔桩,桩径1000mm,护壁厚度150mm,以中风化灰岩或强风化粉砂岩为持力层,要求桩端进完整基岩不少于0.5倍桩径且不少于0.5m,并在挖孔桩内侧预埋两根直径160mm的注浆管。

二期窑尾低压注浆采用标号P·O 32.5水泥,配合比为水泥:粉煤灰:重钙粉=1:2:2,水灰比按1:1、0.75:1两个等级。采用纯压注浆,注浆压力为0.5~4MPa,一般控制为1MPa。注浆时先外围后内部,跳孔注浆。具体加固方案平面图如图7-14所示。

(4)加固效果分析

水泥厂窑尾于加固治理前后分别进行了长时间的沉降观测,经过计算后的平均观测量如表7-2所示。可以看到,经过治理后,一期及二期窑尾相比于加固前的沉降量有了较大幅度的减小。加固处理后,窑尾的变形稳定,设备能够进行正常运作(图7-15),加固效果显著。

水泥厂窑尾累积平均沉降量加固前后对比　　　　表7-2

加固位置	累积平均沉降量(mm)	
	加固前	加固后
窑尾一期	42.70	11.06
窑尾二期	45.62	12.26

3)窑头

(1)结构形式及地质简况

窑头主要由二层钢筋混凝土框架结构(局部一层)及熟料输送地坑组成。一层外墙砌筑240mm厚砖墙,二层为裸框架。基础采用柱下钢筋混凝土独立基础。其主要岩土层自上而下分布有:杂填土、粉质黏土、泥质碎石、粉砂岩残积黏性土、碎块状强风化粉砂岩及中风化灰岩。场地充填溶洞发育。

(2)结构受损情况

通过现场检查,一期窑头一层多数围护墙均出现明显裂缝,框架围护墙体与柱、梁交接处开裂。二期窑头部分框架柱、梁构件发现明显裂缝,梁构件侧面多处出现竖向或斜向结构层裂缝。围护墙出现明显的沉降裂缝,周边排水沟已有明显的损坏现象。地面出现起拱及裂缝现象。具体的结构受损情况如图7-16所示。

(3)地基基础加固方案

窑头采用独立基础,以含碎石粉质黏土或残积粉质黏土为持力层,其余设备基础、充填墙以回填土为持力层。一期烧成窑头西侧存有一层厚度约7m的粉砂岩残积黏性土,呈软塑状,物理力学性质较差;东侧则为物理力学性质较好的

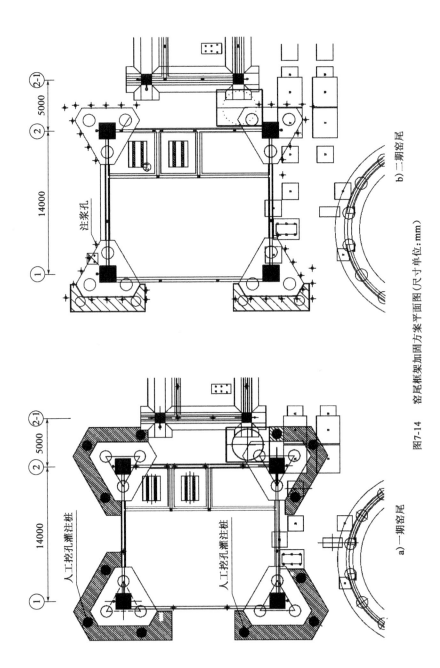

图7-14 窑尾框架加固方案平面图(尺寸单位:mm)

粉砂岩残积黏性土,场地土层物理力学性质差异较大。二期窑头基础下部有厚度 3~9m 的含碎石粉质黏土,易产生压缩变形,下部中风化灰岩,灰岩充填溶洞发育。本次着重对篦冷机基础加固,采用高压旋喷桩结合注浆方案,即高压旋喷桩对篦冷机进行加固处理,加固区域地基土采用低压注浆进行加固。

图 7-15　窑尾加固效果图

 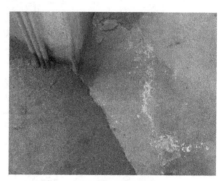

a) 窑头地面拱起　　　　　　　　　　b) 窑头地面裂缝

图 7-16　窑头受损情况

采用双管法高压旋喷桩,桩径 500mm,平均桩长 30m,桩端穿过土层到灰岩面,引孔进入灰岩 3m,桩身抗压强度 4500kPa,气压 0.7MPa,喷射压力不小于 25MPa,提升速度不大于 0.15m/min。高压喷射注浆固化剂宜采用 R42.5 号普通硅酸盐水泥,水泥浆液水灰比为 1.0。

低压注浆采用水泥标号 P·O 32.5 或者 P·O 42.5 的普通硅酸盐水泥,配合比为 1:2:2,水灰比为 1:1 或 0.75:1。注浆时放 2 根 DN20 焊接管,进行一、二次注浆,管底 1m 做成花管,注浆压力 0.5~4MPa,一般控制在 1MPa。引孔钻机口径 110mm,引孔进入灰岩 3m,注浆时先外围后内部,跳孔注浆。具体的加固方案平面图如图 7-17、图 7-18 所示。

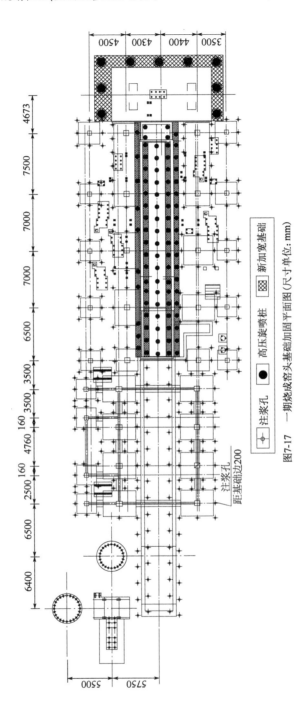

图7-17 一期烧成窑头基础加固平面图（尺寸单位：mm）

第7章 岩溶土洞塌陷的综合治理技术

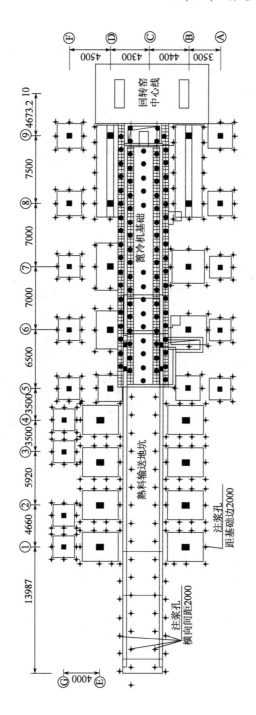

图7-18 二期烧成窑头基础加固平面图（尺寸单位：mm）

（4）加固效果分析

水泥厂窑头于加固治理前后分别进行了长时间的沉降观测，经过计算后的平均观测量如表 7-3 所示。可以看到，经过治理后，一期窑头累积平均沉降量为 13.03mm、二期窑头为 12.64mm，相比于加固前的 28.43mm 和 45.23mm，沉降量已经大幅度减小。加固处理后，水泥厂窑头结构沉降变形稳定，裂缝未进一步加剧，篦冷机恢复正常工作（图 7-19），加固效果显著。

水泥厂窑头累积平均沉降量加固前后对比　　　　表 7-3

加固位置	累积平均沉降量（mm）	
	加固前	加固后
窑头一期	28.43	13.03
窑头二期	45.23	12.64

图 7-19　窑头加固效果图

从上面三个实例中可以看出，对地基基础进行加固处理能够有效缓解水泥厂建（构）筑物的沉降和变形问题。同时，高压旋喷、人工挖孔、低压注浆法三者的综合应用也起到良好效果，说明此次治理方案的选择十分正确并值得推荐。

岩溶塌陷是和棘手的地质灾害问题，随着经济发展步伐加快，对岩溶地区资源开发利用日益增强，由此引发的岩溶地区地质灾害问题越来越频繁和严重，已经成为影响岩溶地区发展的一大障碍。如何准确把握岩溶塌陷的形成机理和演化规律，如何有效避免岩溶地质灾害造成的危害，以及如何综合运用多种治理技术解决目前出现的各种困难和挑战，从而保障岩溶地区工程建设的正常进行和人民生命财产的安全，都需要进一步的思考和研究。

参 考 文 献

[1] 卢耀如. 岩溶:奇峰异洞的世界[M]. 北京:清华大学出版社,2001.
[2] 陈国亮. 岩溶地面塌陷的成因与防治[M]. 北京:中国铁道出版社,1994.
[3] 简文彬,吴振祥. 地质灾害及其防治[M]. 北京:人民交通出版社股份有限公司,2015.
[4] 林军,池永翔. 永定县培丰镇樟坑自然村地面塌陷地质灾害调查监测报告[R]. 福建省地质调查研究院,2015.
[5] 郑智. 闽西南地区岩溶塌陷形成机理与致塌模型研究[D]. 福州:福州大学,2018.
[6] 简文彬,洪儒宝,叶龙珍,等. 岩溶致塌机理及力学模型研究[R]. 福州大学,福建省地质工程勘察院,2019.
[7] 罗小杰. 岩溶地面塌陷理论与实践[M]. 武汉:中国地质大学出版社,2017.
[8] 程星. 岩溶塌陷机理及其预测与评价研究[D]. 四川:成都理工大学,2002.
[9] 王延岭,陈伟清,蒋小珍,等. 山东省泰莱盆地岩溶塌陷发育特征及形成机理[J]. 中国岩溶,2015,34(5):495-506.
[10] 刘奔. 覆盖型岩溶致塌模式及其临界判据研究[D]. 福州:福州大学,2018.
[11] 程星,黄润秋,许强. 岩溶致塌中的多力场耦合模式研究[J]. 工程地质学报,2002,10(S1):464-468.
[12] 张少波. 基于土拱理论的岩溶土洞塌陷演化过程研究[D]. 福州:福州大学,2019.
[13] 贾海莉,王成华,李江洪. 关于土拱效应的几个问题[J]. 西南交通大学学报,2003,38(4):398-402.
[14] Mole K H. Engineering-geological and geomechanical analysis for the fracture origin of sinkholes in the realm of a high velocity railway line [J]. Geotechnical Special Publication, 2003.
[15] 钱坤,方绍林,张林祥. 高速公路岩溶塌陷物理模拟试验研究[J]. 公路交通科技,2014,10(8):137-138.
[16] 胡婷. 重庆地区地下工程建设诱发岩溶塌陷的机制研究[D]. 重庆:重庆交通大学,2014.
[17] 陈育民,徐鼎平. FLAC/FLAC3D基础与工程实例[M]. 2版. 北京:中国水利水电出版社,2013.
[18] 张鑫,崔可锐,查甫生. 覆盖型岩溶塌陷临界水位降幅模型试验[J]. 科学技术与工程,2016,16(12):195-199.
[19] 陈雪珍. 基于光纤传感技术的覆盖型岩溶致塌演化过程研究[D]. 福州:福州大学,2018.
[20] 方先知,马文瀚,戴塔根,等. 岩溶塌陷有限元稳定性分析[J]. 中国地质灾害与防治学报,2009,20(4):78-80.
[21] 李瑜,朱平,雷明堂,等. 岩溶地面塌陷监测技术与方法[J]. 中国岩溶,2005.

[22] 蒋小珍,雷明堂,郑小战,等. 岩溶塌陷灾害监测技术[M]. 北京:地质出版社,2016.
[23] 陈鸿志. 富水岩溶土洞泡沫轻质土充填机理及效果试验研究[D]. 福州:福州大学,2019.
[24] 李召峰,李术才,张庆松,等. 富水破碎岩体注浆加固模拟试验及应用研究[J]. 岩土工程学报,2016,38(12):2246-2253.
[25] 刘超,罗健林,李秋义,等. 泡沫混凝土的生产现状及未来发展趋势[J]. 现代化工,2018,38(9):10-14.
[26] 周明杰,王娜娜,赵晓艳,等. 泡沫混凝土的研究和应用最新进展[J]. 混凝土,2009,(4):104-107.
[27] 陈松和. 岩溶溶洞充填用泡沫混凝土性能研究[J]. 混凝土与水泥制品,2018,(4):74-76.
[28] 中华人民共和国国家标准. 普通混凝土力学性能试验方法标准:GB/T 50081—2002[S]. 北京:中国建筑工业出版社,2003.
[29] 严冬兵. 高强度水下不分散泡沫混凝土及智能制造和压灌装备联合试验报告[R]. 厦门理工学院,2019.
[30] 黄鹏. 覆盖型岩溶土洞泡沫轻质土多元复合地基变形特性研究[D]. 福州:福州大学,2019.
[31] 朱小军,杨敏,杨桦,等. 长短桩组合桩基础模型试验及承载性能分析[J]. 岩土工程学报,2007,29(4):580-586.
[32] 郑俊杰,高学伸,王仙芝. 多元复合地基沉降计算方法探讨[J]. 华中科技大学学报,2007,35(12):87-90.
[33] 胡亚元. 福建岩溶地质泡沫混凝土劲性桩复合地基的工程特性分析总报告[R]. 浙江大学建筑工程学院,2018.
[34] 王东辉. 微型钢管桩加固既有桥墩基础施工技术[J]. 北方交通,2009,(6):100-102.
[35] 李名桂. 用托板法治理岩溶塌陷区的基础沉降[J]. 桂林工学院学报,1996,16(1):41-44.
[36] 叶兆荣,于宗仁,徐洋洋. 浅谈岩溶塌陷成因与治理措施[J]. 科技信息,2009,(24):75.
[37] 马琳琳. 复杂岩溶地基的处理[J]. 河南科技大学学报,2004.
[38] 陈幸福. 人工挖孔桩桩底岩溶地基高压喷灌浆处理技术[J]. 采矿技术,2010,(2):26-27.
[39] 郑添寿,孔秋平. 人为诱发大面积岩溶塌陷灾害治理研究报告[R]. 福建永强岩土工程有限公司,2012.
[40] 张少波,简文彬,洪儒宝,等. 水位波动条件下覆盖型岩溶塌陷试验研究[J]. 工程地质学报,2019,27(3):659-667.
[41] 苏添金,洪儒宝,简文彬. 覆盖型岩溶土洞致灾过程的数值模拟与预测[J]. 自然灾害学报,2018,27(5):179-187.